ediciones
del Genal

Autor: *Juan Carlos Pérez-Lanzac López*
Título: *Plantas Medicinales de Andalucía: Usos en Álora.*
Principios de nutrición
Maquetación: *J. Cobos*
Edita: *Promotora Cultural Malagueña*
Coordina: *Ediciones del Genal*
Colabora: *Librerías Proteo y Prometeo*
Depósito Legal: *MA 1296-2017*
ISBN: *978-84-17186-04-3*

COLECCIÓN **TIERRA Y MEMORIA** n.º 1

Impreso en España / Printed in Spain
Málaga, 2017

Juan Carlos Pérez-Lanzac López

Plantas Medicinales de Andalucía

Usos en Álora
Principios de nutrición

ediciones del Genal

Juan Carlos Pérez-Lanzac López

Plantas Medicinales de Andalucía

Usos en Álora
Principios de nutrición

A mis padres, que me dieron la oportunidad de estudiar la carrera de Farmacia, de la que tanto he aprendido.

A mi nietecita María Pilar, que espero reciba un mundo más ecológico, equilibrado y humano.

Mi agradecimiento a todos los colaboradores, especialmente a Juan Espinosa Martin, el Pikiko, sin los cuales este libro no hubiera sido posible.

Un agradecimiento especial al Dr. Baltasar Cabezudo Artero, Catedrático de Botánica de la Facultad de Ciencias de la Universidad de Málaga por aceptar prologar este libro.

A Laura García Jiménez, especialista en artes gráficas, y a Juan José Sánchez Castillón por su colaboración y ayuda técnica.

Quien no ha visto en el campo el alba entre hileras de plantas frescas y vivas no sabe qué es la esperanza.
George Bernanos

Creo que una hoja de hierba no es menos que un día de trabajo de las estrellas.
Walt Withman

La observación de las plantas es una de las cosas que más me ha acercado a Dios.
Juan Carlos Perez-Lanzac López

PRÓLOGO

La presencia en las plantas de sustancias químicas susceptibles de ser utilizadas para curar o mitigar determinadas dolencias es un regalo de la vida. Es el resultado del trabajo, la inteligencia y la observación meticulosa de lo que nos rodea. Muchos animales utilizan plantas medicinales, pero lo que nos diferencia de ellos es que nuestra especie tiene la capacidad de seleccionarlas, mejorarlas, utilizarlas racionalmente aislando los compuestos verdaderamente curativos y lo que es más importante sintetizar estos compuestos evitando en muchos casos la extinción de algunas especies por uso y abuso.

Álora es una ciudad a caballo entre lo rural y lo urbano, entre lo natural y lo industrial, entre lo tradicional y lo moderno. La utilización de las plantas medicinales se está perdiendo en muchas zonas andaluzas y lo que es más penoso, se están olvidando los conocimientos tradicionales que siempre habían pasado de padres a hijos. Lo interesante de este libro no son las plantas ni sus remedios, para mi lo importante es saber que aun existen personas mayores que guardan los conocimientos de sus antepasados en una tradición oral que por desgracia se está perdiendo. Lo que me ha emocionado de este libro no son las fotos de las plantas, son las fotos de las personas.

Con seguridad existen aún muchas especies de plantas por descubrir e identificar. Seguro que muchas de ellas encierran en su interior el remedio contra muchas enfermedades actuales. Conservemos el medio ambiente y las especies que lo conforman. Seguro que en un futuro próximo nuestros investigadores, si la crisis no acaba con ellos, descubrirán en esta diversidad desconocida, la solución para muchas de nuestras dolencias y necesidades alimenticias.

Parte de los genes de mi nieta Sara son perotes. Espero poder enseñarle algún día los nombres y propiedades de las plantas que se utilizan en la tierra de algunos de sus abuelos.

Baltasar Cabezudo Artero
Catedrático de Botánica Universidad de Málaga

INTRODUCCIÓN

Este libro lo inicie hace algunos años, fruto de mi inquietud por continuar aprendiendo y de alguna manera continuar ejerciendo mi profesión de farmacéutico desde mi prejubilación. A base de charlar con personas dedicadas al campo, me di cuenta que guardaban una sabiduría popular de sus padres y abuelos en el conocimiento de las plantas medicinales. Pensé que sería interesante ir recogiendo datos de estas personas, de modo que cuando veía a una persona mayor sentada al sol de cualquier parte del pueblo, me sentaba junto a él, me presentaba y le preguntaba. Durante estos años he ido guardando la información y al mismo tiempo he querido incluir principios de nutrición para aumentar la cultura culinaria de mis paisanos. Al mismo tiempo creo que este libro puede ser de utilidad para los niños, para iniciarlos en el conocimiento de plantas medicinales y en los principios de nutrición, guiados por sus maestros y profesores. Por este motivo lo he redactado de forma sencilla y sin muchos tecnicismos, con el objetivo que pueda ser leído con facilidad.

Yo creo que me hice farmacéutico debido a la llamita que desarrollé dentro de mí en la farmacia de mi tío Juan Pérez-Lanzac. De pequeño solía ir a ver como el auxiliar Cristóbal dispensaba medicamentos y como mi tío manejaba el mortero haciendo fórmulas magistrales. Recuerdo concretamente una formula de tintura de yodo para los sabañones en las manos. En aquella época no existía el agua corriente y nos surtíamos de las fuentes por medio de cantaros y como las mujeres lo lavaban todo con agua fría, de ahí la frecuencia de los sabañones. Hice el bachillerato, desde el curso tercero, en los jesuitas de Málaga y mi inclinación siempre estuvo hacia las asignaturas de la naturaleza, es decir las ciencias naturales y la biología, por lo que a la hora de elegir profesión, me decidí por la Licenciatura de Farmacia, debido a su diversidad de asignaturas dedicadas a la naturaleza, de la que provienen tantos remedios naturales, como la mineralogía, la botánica, la farmacognosia, la biología, las diversas ramas de la química, la fisiología vegetal, etc. Yo creo que es la carrera más diversa y completa que proporciona más conocimiento sobre la naturaleza. Al terminar desarrolle mi profesión en diversas áreas, y al llegar mi jubilación y frecuentar más mi pueblo y charlar con mis paisanos perotes, me doy cuenta de la cultura que muchos tienen sobre el uso de plantas medicinales.

Una forma de continuar aprendiendo pensé que sería ir preguntando a las personas más mayores sobre los remedios que recordaban en sus casas para ciertas patologías. De estas entrevistas ha salido este libro que me ha tenido ocupado cierto tiempo. He contrastado las plantas usuales consumidas como medicinales del valle del Guadalhorce con el resto de Andalucía y se puede decir que tienen las mismas aplicaciones.

Las plantas medicinales hay que conocerlas antes de ingerirlas, de modo que al neófito le aconsejo que siempre le pregunte a un experto.

Me siento orgulloso de ser perote y de mis paisanos y darle las gracias a todos los que han colaborado. Les dedico todo el tiempo empleado en este libro a ellos, sin los cuales no lo hubiera conseguido. Gracias a todos. He de advertir que las fotografías de los colaboradores están colocadas al azar y no dependen de la planta que está en la misma página.

Desde que existe la tierra, las plantas siempre han sido importantes, primero para los animales y después para el ser humano. Los primeros farmacólogos o expertos en hierbas medicinales fueron los animales que por su instinto natural recurrían a los remedios naturales. El primer hombre que fue capaz de ingerir una planta medicinal debió echarle mucho valor. La percepción de los primeros hombres y su intuición nos ha hecho mucho bien. Ellos fueron los primeros farmacólogos probando en ellos mismos las plantas y alimentos.

Los primeros ejemplos documentados de estos remedios proceden de China alrededor de 2500 años antes de Cristo. En el papiro de Ebert de Egipto (1500 .a. de C) se describen más de 700 remedios a base de hierbas. Los griegos, persas, indios y aztecas, continuaron utilizando plantas medicinales 1000 años antes de Cristo. En la Biblia se citan de unas 130 plantas, no como usos medicinales, sino en relatos como la encina, el olivo, el abeto, el cedro, roble, lino, canela, incienso, mirra, etc. Las plantas medicinales pueden proceder de la naturaleza (silvestres) o bien cultivadas. En la actualidad coexisten ambas formas, pero en Álora es más frecuente la búsqueda en el campo, siendo normal encontrar en los hogares diversas clases de plantas en manojos colgados en las cocinas.

Las plantas medicinales cultivadas fueron difundidas en China, India Europa y otros países. En Europa los huertos de estas plantas en los monasterios se remontan a la primera época del cristianismo. Desde el descubrimiento de América hasta el presente, muchos países han tratado de cultivar plantas para obtener principios activos con acción farmacológica.

La farmacología actual continúa basándose en las plantas, aunque poco a poco y paralelamente al avance de la química, fueron apareciendo medicamentos de origen sintéticos, pero basados en las moléculas de las plantas medicinales.

En un principio no existía diferencia entre el médico, el botánico y el farmacéutico. Existía una especie de conocedor de las enfermedades y de las plantas. Estos profesionales diagnosticaban las enfermedades y preparaban los remedios. Con el paso de los años, fue necesaria la separación, apareció la figura de sanador y del preparador de los remedios, que cristalizaron en la profesión de médicos y boticario.

Una de las características del ser humano es la curiosidad, que es lo que nos hace avanzar, de modo que por la necesidad de continuar investigando, fuimos capaces ya en el siglo XIX de iniciar una era de la síntesis química de los medicamentos, pasando a un segundo lugar las plantas medicinales.

Sin embargo hoy día continuamos consumiendo medicamentos de origen vegetal, como la quinina que se utiliza contra la malaria, la vincristina usada contra ciertos tumores, el ácido acetilsalicílico contra la fiebre y dolores, la digoxina para el corazón, etc.

A pesar de todo, en los últimos años parece que han resurgido de nuevo el uso de las plantas medicinales, incluso hay médicos especialistas en naturopatía. En las Oficinas de Farmacia se vuelven a dispensar plantas medicinales y han surgidos las herboristerías, con las cuales no estoy de acuerdo sino está al frente de ellas un farmacéutico. Esto debería ser así porque las plantas medicinales encajan perfectamente dentro de la definición de medicamento que es toda sustancia capaz de curar, paliar, prevenir o diagnosticar un proceso patológico. Por otro lado, tienen sus indicaciones, contraindicaciones, efectos secundarios, dosis etc. Motivos por los cuales deberían ser consideradas como medicamentos y estar controladas por los médicos en su prescripción y por los farmacéuticos en su control y dispensación. Desde hace muchos años existen los profesionales de la Botánica, que es la ciencia que se dedica al estudio de las plantas y con ellos habría que contar desde su siembra hasta la recolección con su asesoramiento científico.

Las indicaciones de las plantas se conocen por tradición y por las investigaciones, que se realizan sobre ellas. Estas indicaciones están descritas en los manuales de plantas y no deben usarse para otra cosa, ni siquiera para probar, pues ya hemos dicho que son medicamentos.

También tienen sus contraindicaciones, es decir que no están indicadas en ciertas enfermedades que la ciencia ha descubierto y puesto en conocimiento de los médicos y farmacéuticos.

Cuando hablamos de efectos secundarios nos referimos a los efectos que pueden producir colateralmente y que no buscamos. Estos efectos pueden variar en su grado de intensidad, pero que también son ya conocidos.

Como todo medicamento, deben administrarse en dosis correctas, conseguir que desarrollen sus acciones terapéuticas, de manera que no nos pasemos o que no lleguemos. Estas dosis son ya conocidas por los laboratorios farmacéuticos.

Los principios activos de las plantas también pueden interactuar con otros medicamentos o con alimentos, por lo que se hace necesario un conocimiento de las mismas que solo lo poseen los facultativos mencionados.

1. RECOLECCIÓN DE LAS PLANTAS MEDICINALES

La obtención de principios activos procedentes de planta cultivadas, asegura una fuente valiosa para la obtención de productos de calidad, lo que no siempre se logra con las plantas silvestres. El momento propicio para la cosecha o recolección reviste particular importancia porque la naturaleza y cantidad de los constituyentes varían.

El mejor momento de la recolección es cuando la parte vegetal de la planta tiene el más alto contenido de principios activos y cuando el material desecado ofrece la mejor calidad y tiene el mejor aspecto. Los principios activos que contienen las plantas aparecen en diferentes concentraciones según el momento del día, del mes y del ciclo vegetativo en que se encuentren.

La concentración de principios activos es mayor al final del periodo de crecimiento activo. Se deberán recolectar por tanto justo antes de que empiece la floración. Los días sin lluvia y que amanecen soleados son los más propicios para recoger plantas. No es conveniente que haga demasiado calor, ya que los aceites esenciales que pueden llevar las hojas, se volatilicen. Tanto las hojas, como las plantas enteras, deben cortarse con la ayuda de un cuchillo afilado o tijeras de podar, nunca con las manos, ya que podemos dañar el tallo de la planta y eso provocará un retraso en su crecimiento o la entrada de hongos o insectos en la zona dañada. Dado que numerosas plantas medicinales crecen en bordes de caminos y escombreras, conviene no recogerlas en áreas de mucho tráfico. También es aconsejable evitar los campos que hayan sido tratados con compuestos químicos, ya que estos difundirán al interior de las infusiones Las reglas generales de recolección son:

—Las raíces y rizomas deben recolectarse en otoño, cuando los procesos vegetativos han cesado, es decir la savia esta parada y no sube hacia las hojas. Las cortezas en cambio, deben cosecharse en primavera, antes de que dichos procesos comiencen. Las raíces, especialmente si son carnosas, encogen y se vuelven esponjosas con el secado si se las recoge durante la época de crecimiento. No deben arrancarse cuando las hojas están en su momento de máximo desarrollo, ya que en ésta época su contenido en principios activos no alcanza el valor máximo, al concentrarse la mayor parte de estos, en los órganos de la planta que están creciendo aéreamente.

—Las hojas deben recogerse cuando la fotosíntesis es más activa, lo que ocurre en la época de floración. Las flores se recolectan antes de la polinización.

—Los frutos pueden ser recolectados antes o después del periodo de maduración. Las semillas deben recolectarse, cuando están completamente maduras.

El secado

El secado del material vegetal elimina suficiente cantidad de humedad como para conservar la calidad de la droga y prevenir el enmohecimiento, la acción de las enzimas y de las bacterias y posibles interacciones químicas. El secado fija los constituyentes y facilita la trituración y la molienda. El material vegetal puede secarse al sol, pero en el caso de las plantas medicinales recogidas en el campo, lo mejor es la sombra pues no sabemos si los rayos solares pueden descomponer los constituyentes, sin embargo en el caso de las plantas cultivadas los especialistas utilizan el sol, la sombra o calor artificial.

Composición de las plantas

Las plantas disponen de sus raíces por donde se alimentan, del tallo que las sostienen y de las hojas por donde efectúan la fotosíntesis gracias al sol, es decir su bioquímica interior que contribuye a la formación de las sustancias activas.

Las sustancias activas de las plantas pueden estar contenidas en la raíz, tallo o en las hojas, a veces en toda la planta, también en frutos y semillas y desde el punto de vista farmacéutico (farmacognosia), a la parte que contiene el principio activo se le denomina *droga*. Esta palabra es utilizada en el mundo de las dependencias de sustancias activas aditivas.

Las plantas contienen principios activos responsables de la acción terapéutica y otros en minoría, pero que ayudan para desarrollar su efecto e incluso para evitar efectos secundarios. Ese el caso por ejemplo de la ulmaria (*Filipéndula ulmaria*) que contiene ácido salicílico ejerciendo una acción parecida a la aspirina. Es sabido que la aspirina puede producir hemorragias gástricas, sin embargo la ulmaria al contener también mucílagos y taninos, protegen la mucosa gástrica.

Otro ejemplo lo tenemos en el diente de león (*Taraxaum officinalis*) que es un hierba diurética que favorece la micción de orina. Cuando una persona ingiere un diurético, puede perder potasio y los médicos suelen prescribir un complemento de potasio. Las hojas del diente de león son ricas en potasio, por lo tanto es muy beneficiosa.

Las plantas medicinales pueden tener varias acciones por contener varios principios activos, así por ejemplo la Salvia tiene acción desinfectante y digestiva. La zahareña que es muy consumida por muchas personas de Álora, tiene acción digestiva y cicatrizante etc.

Las sustancias químicas naturales de las plantas medicinales se encuentran en la raíz, tallo, hojas o frutos y a las que son responsables de la acción curativas, se les denomina principios activos que son de diferentes composiciones químicas.

Los principios activos de las plantas

—Hidratos de carbono. Formados por carbono, hidrogeno y oxígeno, como la sacarosa, lactosa, almidones, etc.

—Alcaloides. Son compuestos nitrogenados cristalinos u oleosos, generalmente de carácter básico.

—Aceites esenciales. Representan los productos odoríferos de las plantas. Son líquidos volátiles de olor característico. Estos aceites se acumulan en determinados tejidos, en el interior de células.

—Gomas. mezclas de varias gomas.

—Resinas. Compuestos que comprenden resinas, gomorresinas, y bálsamos.

—Ceras. Esteres de ácidos grasos con alcoholes primarios de alto peso molecular.

—Glucósidos. Sustancias que por hidrólisis, dan uno o más azúcares.

—Aceites grasos. Son esteres glicéricos de ácidos grasos.

—Taninos. Compuestos químicos complejos que poseen un estructura fenólica capaz de combinarse con las proteínas. Su interés radica principalmente en que son astringentes. Los preparados a base de plantas con taninos, se emplean al exterior contra las infecciones de la boca, los catarros, bronquitis, quemaduras, sabañones.

—Sustancias antibióticas. Compuestos químicos capaces de inhibir el crecimiento de algunas bacterias.

—Vitaminas. Compuestos químicos necesarios para el crecimiento y la función normal de los seres vivos.

—Enzimas. Catalizadores orgánicos, que inducen reacciones.

—Proteínas. Sustancias orgánicas nitrogenadas compuestas por unidades de aminoácidos.

—Alérgenos. Sustancias que causan respuestas exageradas en individuos hipersensibles.

—Saponinas. Contienen un radical glúcido junto a otro aglucón. Rompen los glóbulos rojos, liberando la hemoglobina, lo que explica el efecto toxico de algunas plantas. Son desinfectantes de las vías urinarias y actúan liberando moco en las bronquitis.

Ciencias de las plantas

El desarrollo de las ciencias farmacéuticas desembocó en cuatro ramas que se han dedicado al estudio de las mismas.

Botánica. Es la ciencia que describe la morfología, es como la anatomía en el cuerpo humano. Estudia la biología, la ecología, la distribución, etc. Es decir estudia, cada parte, desde la raíz, tallo, hojas y flores. Una vez estudiada se clasifica (sistemática) y se le da un nombre, procedente del latín, para poder identificarla.

Farmacognosia: Es la ciencia que se encarga de descubrir los principios activos que contiene, y describir la estructura química. En qué parte se encuentran, cómo se cultiva la planta, cómo y cuándo debe recogerse y almacenarse.

Farmacología: Estudia el efecto de los medicamentos sobre el organismo humano y el mecanismo de acción, indicaciones, contraindicaciones, efectos secundarios, dosis, interacciones con otros medicamentos, etc.

Farmacocinética: Descubre cómo se mueve dentro de nuestro cuerpo, es decir cómo se absorbe, cómo se distribuyen en la sangre, cómo pasa por el hígado y cómo se elimina por orina, por heces etc.

Debido a que las plantas medicinales son en su mayoría medicamentos y son estudiadas por titulados superiores, principalmente, farmacéuticos, es necesario cumplir exactamente la prescripción de estos facultativos en las dosis recomendadas para que ejerzan su efecto.

Formas farmacéuticas

Los medicamentos se pueden administrar de varias formas según las condiciones y propiedades de los principios activos.

Formas sólidas orales

—*Comprimidos*. Se componen del medicamento y los excipientes. Se fabrican por compresión de los componentes en maquinas de comprimir especificas para ello.

—*Capsulas*. Se componen de la base y tapadera y contienen el medicamento y los excipientes.

—*Tabletas*. Para obtenerlas, se emplea un mucílago de goma tragacanto o goma arábiga, que se dispersa en agua, se incorpora azúcar y el medicamento y se consigue una pasta que se extiende y se alisa con un rodillo y se corta en pequeños trozos con una tecnología apropiada para obtener las tabletas que luego se secan.

—*Pastillas*. Constituyen la forma de administración ideal para las plantas que actúan sobre la boca, garganta y vías respiratorias altas. Se preparan con azúcar, goma farmacéutica y el medicamento.

—*Píldoras*. Es la forma de administración de medicamentos más antigua por vía oral. Se fabricaban en un pildorero, a base de mezclar el medicamento con excipientes aglutinantes como el mucílago de goma arábiga. Actualmente no se utilizan.

Formas líquidas orales

La mejor forma de administrar las plantas medicinales es por vía interna, ya que la curación se produce desde el interior del organismo. Los extractos acuosos son las infusiones y decocciones. Los alcohólicos son las tinturas.

—*Jarabes*. Constituidos por agua, azúcar, medicamento y saborizante. Tienen la ventaja de que enmascaran malos sabores. Al contener mucha azúcar no proliferan las bacterias.

—*Emulsiones*. Es el resultado de mezclar dos fases no miscibles, en una de las cuales va el medicamento y que necesita ser agitada antes de su administración, suelen contener un tensoactivo con el que se consigue que las dos fases se mezclen.

—*Suspensiones*. Son soluciones liquidas en que el medicamento está suspendido en partículas muy pequeñas; necesita ser agitado para su administración.

—*Soluciones*. Son formas líquidas totalmente miscibles, que no necesitan ser agitadas.
—*Tinturas e infusiones*: Se describen más adelante.

Fórmulas rectales

No son empleadas para la administración de plantas medicinales. Son los *supositorios*, *enemas* y *cánulas*.

Fórmulas dérmicas

Principalmente cremas y pomadas.

Formas parenterales

No son utilizadas para la administración de plantas medicinales. Son las que lesionan la piel. Para poder administrar un medicamento. Son la vía subcutánea, intradérmica, intramuscular e intravenosa. Hoy día no se utilizan para las plantas medicinales.

Formas por vía pulmonar

—*Aerosoles:* no se emplean para las plantas medicinales
—*Inhalaciones:* también llamadas vapores: consisten en hervir agua, incorporar la parte de la planta activa e inhalar los vapores. Hoy día existen extractos de plantas en forma líquida que se añaden al agua hirviendo.

Formas por vía ocular:

—*Colirios:* usualmente no se utiliza para la administración de plantas medicinales. Deben ser prescritos por un médico naturópata.

Formas por vía nasal

—*Gotas:* no se utiliza normalmente.

2. PRINCIPALES FORMAS DE ADMINISTRACIÓN DE LAS PLANTAS MEDICINALES

Administración a través de la piel

Aplicadas sobre la piel, ya sea manipulándolas con otros productos denominados excipientes.

- —*Baños:* son especialmente útiles para relajar y calmar el sistema nervioso y aliviar la tensión mental. Las hierbas más usadas son la manzanilla, albahaca, lavanda, rosa, y romero. Se prepara agua caliente y sobre ella se añaden partes de la planta activas. El calor del agua favorece la penetración de los principios activos a través de la piel.
- —*Ungüentos:* para prepararlos, se coloca una parte de planta fresca o seca en un cuenco. Se añade 450 ml de aceite de oliva y 50 gramos de cera de abeja. Se coloca el cuenco dentro de un cazo de agua que hierva a fuego lento. Se deja macerar durante tres horas. El contenido se coloca en una bolsa de muselina y se estruja para obtener el líquido, se envasa en frascos y dejar solidificar.
- —*Lociones:* compuestas por un 50 % de agua y un 50 % de tintura diluida.
- —*Compresas:* empapar un poco de algodón en una tisana caliente o fría. Exprimir y colocar el algodón en la zona afectada durante 10 minutos.

—*Cataplasmas:* Se parece a una compresa, pero se aplica sobre la zona afectada la propia planta. Se utilizan Las hojas, tallos o raíces frescos triturados. Si la hierba es seca, se hace una pasta con agua caliente. Se coloca la pasta entre dos gasas y con una venda se coloca sobre la piel. Encima se puede colocar una bolsa de agua caliente.

—*Cremas:* son parecidas a los ungüentos, pero con más de un 10 % de agua.

—*Pomadas:* elaboradas con excipientes grasos y agua donde se incorporan los principios activos.

Administración por vía oral

—*Jarabes:* se preparan con extractos vegetales, mezclando el extracto con jarabe simple. Para preparar el jarabe simple, se añade 500 gramos de azúcar a un litro de agua. Los extractos vegetales se obtienen por procedimientos farmacéuticos que extraen los principios activos de las plantas.

—*Mieles medicinales:* es una de las mejores formas de administrar plantas medicinales a los niños. Añadir una gotita de aceite esencial, en una cucharada de miel.

—*Tinturas:* se preparan añadiendo la planta en una mezcla de agua y alcohol. La proporción dependerá del constituyente que se desee extraer de la planta, que suele ser de una parte de planta por 2 a 10 partes de solución hidroalcohólica. Esta solución puede tener desde un 23 % de alcohol, hasta un 90 %. La mayoría de las tinturas se preparan con coñac o vodka, que contienen un 45 % de alcohol, que es suficiente para extraer la mayoría de los principios activos de las plantas. Si la tintura es para un niño se debe utilizar glicerol o vinagre de sidra. La planta debe permanecer dentro del líquido un mínimo de 14 días. Evitar exponer la tintura al sol.

—*Tisanas:* se preparan añadiendo la planta en agua fría y manteniéndola sumergida durante unas horas. Luego se calienta, se filtra y se endulza con miel. Es parecido a un macerado con la diferencia que en la maceración se deja la planta sumergida en agua o mezcla de otros disolventes durante un periodo de tiempo prolongado.

—*Infusiones:* se preparan con las partes aéreas de las hierbas (hojas y flores). Normalmente se dejan secar y se añade una cucharada sobre una taza de agua hirviendo, y dejarla unos 10 minutos. Colar y endulzar. Es quizás la forma más habitual de administrar las plantas medicinales, utilizando las hojas, tallos o flores. Las infusiones se pueden realizar con partes frescas o con parte secas, debiéndose tomar en cuenta que una parte de hierba seca se corresponde con tres partes de hierba fresca, debido al alto contenido en agua de esta última. Es decir que una cucharada de hierba seca se puede sustituir por tres de hierba fresca. Si pretendemos realizar una infusión para varios días, se recomienda pesar 30 gramos de hierba para 500 ml de agua. La mejor manera de conservarla es en el frigorífico, en frascos herméticamente tapados. Las infusiones suelen ser un medio de cultivo para el crecimiento de gérmenes, por lo que no es aconsejable mantenerlas muchos días en nevera, de tal manera que si se observa cambio de color o sabor, es mejor desecharla. Si se quiere preparar infusiones a partir de tallo, raíces o semillas, es mejor pulverizarlos para poder romper la paredes de algunas células así poder extraer los principios activos. Las infusiones de hierbas aromáticas deben hacerse en recipientes bien cerrados para impedir la evaporación de aceites esenciales volátiles.

—*Decocciones:* si lo que vamos a emplear son partes duras de la planta como raíces, rizomas, cortezas, frutos secos y semillas, es necesario aplicar más calor para extraer los principios activos, además la planta debe hervir con el agua, durante un tiempo que oscila entre tres y diez minutos.

—*Vinos:* es una maceración, pero utilizando un vino de alta calidad, usualmente vino dulce.

—*Zumos:* al igual que las frutas, las plantas medicinales se pueden exprimir por cualquier método, y el jugo utilizarlo se diluye en agua y se administra según criterio.

3. EFECTOS PRINCIPALES DE LAS PLANTAS

1. Relajan los tejidos, en especial los músculos y el sistema nervioso
2. Estimulan los tejidos
3. También contraen los tejidos relajados
4. Desintoxican de impurezas al hígado, intestino, riñones, pulmones, etc.
5. Son antisépticas, desinfectantes, antifúngicas
6. Estimulan las defensas del cuerpo
7. Estimulan la circulación de la sangre
8. Son digestivas
9. Reducen las inflamaciones
10. Son analgésicas, es decir, combaten el dolor

4. PLANTAS MEDICINALES Y REMEDIOS

AFRECHO. Es la parte externa del grano de trigo, rico en proteínas, vitaminas y minerales, por lo que ayuda a digerir los alimentos e impide la absorción de grasa a nivel intestinal. Se puede tomar una cucharada sopera cada día en leche o yogur. Antiguamente era el alimento principal de las gallinas. Algún lugareño lo ha usado contra el olor de los pies.

AGUACATE (*Persea americana*). Las hojas en infusión para los dolores y diabetes. Más adelante se describen otros usos.

AJO (*Allium sativum*). Estimula la secreción gástrica y biliar, es vermífugo y antiespasmódico, vasodilatador. Se emplea para eliminar ciertas verrugas, a base de friccionarlas con ajo cortado un par de veces al día. Contiene aceites azufrados, aliina, alisina, vitaminas A, C y nicotilamida.

ALBAHACA (*Ocimun basilicum*). Se utiliza como sedante principalmente, pero también es efectiva en los dolores de cabeza, indigestión, tensión muscular. También es antiséptica. La tisana de albahaca caliente reduce las fiebres, minimizando los síntomas del resfriado. Alivia las náuseas. Contiene una esencia compuesta por eugenol, cineol y linalol.

ALGARROBA (*Ceratonia siliqua*). Antiguamente las semillas eran llamadas quilates y se usaban para pesar joyas y medicamentos de las cuales suelen entrar cinco en un gramo. La bravía (el líquido interior) se utiliza contra las verrugas.

ALCACHOFA (*Cynara scolymus*). El principal componente es la inulina. Favorece la secreción de bilis y es antidiabética. El palo se ha utilizado para combatir las fiebres maltas (en Álora), hervidos y tomando el agua resultante durante tres días en ayunas.

ALOE (*Aloe vera*). Tiene propiedades estomacales y aperitivas y está considerado como un buen purgante. Sobre el estómago, ejerce un efecto tónico. Los lugareños la utilizan aplicada sobre la piel en las irritaciones.

AZULILLA: Contra el resfriado

ABROTANO MACHO (*Artemisia abrotanum*). La infusión se usaba para combatir la inflamación de próstata.

ALTABACA (*Dittrichia viscosa*). Dolores e inflamaciones de huesos. Esguinces, dolor de pies. También los vapores de la infusión contra el resfriado. Existen dos clases, una de hojas pegajosas que se usa para barrer los chumbos, pues las espinas de estos se quedan pegadas en las hojas, y la fina, cuyas hojas se usaban en infusión contra la infección de los ojos.

AZOFAIFA (*Ziziphus vulgaris*). Reconstituyente, refuerza la musculatura. Mejora el sistema inmunitario. Favorece el sueño. Y para el estrés nervioso.

ACELGUILLA (*Beta marítima*). Así es conocida la acelga salvaje en Aragón. Hay varias, pero solo una se utiliza contra la diarrea.

BATATILLA DE GAMONE (*Asphodelus sp.*). Cuentan que colgada debajo de la cama rebaja la inflamación de las hemorroides.

CEBOLLA (*Allium cepa*). Se coloca la mitad de una cebolla sobre la mesita de noche y combate la tos nocturna. También es empleada para mejorar la circulación y sobre la presión arterial. Contiene disulfuro de alilpropilo, diversos azúcares y vitamina B, C y D. Durante mucho tiempo ha servido para combatir el asma, la ascitis, diabetes, hidropesía, hipertensión, jaqueca, reumatismo, tuberculosis, y además es un poderoso antiséptico.

CALANDRILLO. Se cría en los sitios húmedos. Combate los dolores de cabeza.

CARDO TAGARDINO (*Scolymus hispanicus*). Los cardos, al igual que la alcachofa, son buenos para el hígado y la vesícula, previenen la formación de piedras y tienen otras propiedades.

CAÑA COMÚN (*Arundo donax*). Crece en las riberas de los ríos. En las partes tiernas de la raíz contiene un 5 % de sacarosa que se va perdiendo conforme se acerca el verano. Contiene hasta un 70 % de sílice. Se le atribuyen propiedades diuréticas y lactífuga (cortar la leche materna) al rizoma hervido en agua. El uso habitual por las personas que trabajan en el campo es aprovechar una telilla en forma de disco

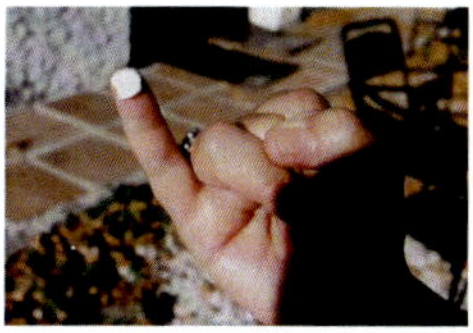

en los entrenudos para evitar la salida de sangre en los pequeños cortes. En la fotografía se aprecia esta telilla sobre un dedo.

CARDO BORRIQUERO (*Silybum marianum*). Los frutos contienen aceite, albuminoides, taninos, diversas aminas y principalmente histamina, tiramina y agmatina. Se ha usado contra dolores de cabeza y urticaria. También es efectivo contra la hipotensión, antiasmático y desfallecimientos cardiovasculares.

CARDO CORREOSO (*Erygium campestri*). La infusión de las hojas, se utilizaba para combatir las hemorroides.

CARDO TAGARDINO (*Cynara cardunculus*). Solo valor alimenticio.

CEBOLLA SILVESTRE (*Allium sphaerocephalum*). Colgadas debajo de la cama, contra las hemorroides.

CHIRIMOYA (*Annona cherimola*). Los huesos machacados y macerados en alcohol, se utilizan para eliminar los piojos del cuero cabelludo.

COLICOSA (*Satureja graeca*). Se desconoce su composición y según el Dr. Laza (farmacéutico malagueño) goza de prestigio popular cómo calmante de cólicos.

Seca

Fresca

COLA DE CABALLO (*Equisetum telmateia*). Contiene ácido aconítico y silícico, sales potásicas, ácido gálico y resinas. Es muy utilizada para eliminar las piedras del riñón, por su acción diurética. Muy eficaz en la osteoporosis por ser remineralizante.

DIENTE DE GATO, O UÑA GATO. Crece en los escombros y se utiliza contra los papilomas.

ENEBRO (*Juniperus oxycedrus*). Contiene proteínas, celulosa, esencias, grasa, cera, resina, ácido fórmico, ácido acético, ácido málico, juniperína. La esencia contiene, pineno, canfeno, cadineno, terpinol. En los tratados se describe como diurético, y tiene otras virtudes, según los lugareños.

ESPLIEGO (*Lavándula spicata*). El principal componente de esta planta es la esencia de espliego, donde se encuentra un alcohol, llamado linalol y acetato de linalino, geraniol, cíñelo, borneol etc. Actúa como digestivo, antiespasmódico, tomado en forma de tisana. Y de esta misma forma al exterior contra el reumatismo. Su uso común es contra la acidez de estómago.

EUCALIPTO (*Eucaliptus globulus*). La infusión de hojas es expectorante, antiséptica y rubefaciente. Combate el resfriado, irritaciones de garganta, catarros nasales, bronquitis. Lo normal es usar la infusión, inhalando los vapores por vía respiratoria. Contiene aceites esenciales, cíñelo, ácido gálico, resina, cera, y sustancias bacteriostáticas. La infusión del tallo se utiliza para la conjuntivitis, aplicada por la mañana temprano.

GAYUBA (*Arctostaphylos uva-ursi*). La infusión del tallo se utiliza para la conjuntivitis, aplicada por la mañana temprano.

GRAMA (*Cynodon dactylon*). La infusión de raíces, combate la fiebre. En la literatura consultada se describe como diurética. Se utilizan las partes subterráneas, ricas en almidón, que contienen cinodina.

HIERBA DEL PARADOR. Actúa contra la inflación de hígado según se describe.

HIERBA DEL SILLERO (*Fumana ericoides*). Para las piedras de riñón y circulación. Su composición se desconoce.

HIGOS (*Ficus carica*, higuera).La leche para sacar las espinas clavadas en la piel y secar verrugas.

HIGO VERDE (*Ficus carica,* higuera). El líquido blanco del fruto, para las verrugas, y para sacar las espinas de la piel. Se describe como antitusígeno y laxante. También se ha usado contra hinchazones anales. Según el dicho: «Higo chichón para mi señor; higo maduro para mi culo». Los higos contienen abundantes azucares, como fructosa, glucosa y sacarosa, y materias gomosas, ácido cítrico, málico, acético. El látex contiene enzimas como diastasa, lipasa, proteasa.

HINOJO (*Foeniculum vulgare*). La esencia de hinojo contiene anetol, ácido anisico, anol-p-propenilfenol, metilcarvicol. Su principal acción es como carminativo, diurético y aperitivo. Excita la secreción láctea de la mujer que amamanta. Contra las diarreas fétidas, con flatulencias abundantes. Contra ciertas inflamaciones de los ojos. Combate los trastornos digestivos, bronquitis, conjuntivitis y la inflamación de párpados. La raíz es diurética. En Álora se utiliza como digestivo, pues alivia los cólicos y flatos, y estimula el apetito masticando algunas semillas antes de comer.

HIERBA DEL ARCURÓN. Es una hierba que la come un pájaro que se llama *arcurón*. Sirve para la circulación y la piel.

HABICHUELA (*Phaseolus vulgaris*). En las vainas se encuentran albuminoides, como la faseolina. Las legumbres tiernas contienen principalmente agua, inosita, azúcar de caña y el resto es celulosa, minerales, etc. Cuando las legumbres están casi secas con las semillas a punto de madurar contienen asparragina, arginina, tirosina, leucina, lisina colína, alantoina. Las vainas secas son diuréticas y se describen como útiles en la hidropesía y reumatismo. También tienen acción como antidiabéticas, que es el uso común divulgado. Contiene potasio, magnesio, hierro, vitaminas, fosforo, zinc. Por sus pocas calorías son ideales para adelgazar. Contienen oxalatos, por lo que no es recomendable en personas con cistitis, artritis y ácido úrico.

HUEVO DE GATO. Para cortar las diarreas. Se cita como parecida a la margarita.

JARA (*Citus ladaniferus*). Contiene esencia de láudano, que es calmante para los nervios. Según los paisanos actúa contra las hemorroides y la acidez de estómago y además es cicatrizante.

JUNCO (*Scirpus lacustri*). Es útil contra las verrugas, pero hay que arrancar un junco y untar la raíz sobre la verruga y después volverlo a colocar en su sitio. También utilizado contra las garrapatas, colocándolo alrededor del cuello del perro.

JAZMÍN (*Jasminun officinalis*). Se deja la flor al sereno y su infusión se utiliza para los orzuelos en los parpados.

CANTUESO (*Lavandula officinalis*). Las semillas han sido usadas para adelgazar y las hojas como desodorante de la ropa. Las flores han sido usadas como ansiolíticas y al exterior como cicatrizante y contra las picaduras de insectos. En la bibliografía se describen multitudes de aplicaciones.

LENTISCO (*Pistacia lentiscus*). Las hojas contienen taninos y otras materias astringentes. Se mastica para la piorrea de los dientes. Perfuma el aliento y fortifica las encías. Se empleaba para lavarse los dientes.

LIMON (*Citrus limonun*). El zumo es usado como desinfectante de heridas. En la corteza abunda la esencia de limón, compuesta en un 90 % de limoneno. En el jugo de la pulpa se encuentran cantidades de ácido cítrico, ácido málico, acético, fórmico, notables cantidades de vitamina c. Más adelante se describirá como alimento usual en Álora.

LIPIDIO O ROMPEPIEDRAS. Para combatir las piedras del riñón.

MADROÑO (*Arbutus unedo*). La infusión de las hojas se utiliza contra la diabetes y retortijones de barriga. El tallo contra la hepatitis. La corteza contiene taninos. Las hojas albergan glucósidos, sacarosa, etc. Las hojas son antisépticas para el aparato urinario. Se cita también contra la diabetes.

MAIZ (*Zea mays*). Los pelos o panocha, (estigmas) se utilizan en infusión como diuréticos. También como febrífugos. Los pelos contienen aceites grasos, esencia, materia gomosa, resina y saponina.

MALVA (*Malva sylvestris*). Se dice que el agua de las hojas hervidas era útil para lavados en caso de cistitis en las mujeres. En la bibliografía se le atribuyen muchas aplicaciones, de tal manera que existe un refrán que dice «Con un huerto y un malvar hay medicinas para un hogar». Se utiliza para ablandar toda clase de forúnculos. Contra las hemorroides, gastroenteritis no diarreicas y en casos de tos, asma, bronquitis, laringitis y amigdalitis, actuando como expectorante. Sirve también como evacuante, para aliviar el dolor de los riñones y hacer orinar. Su jugo mezclado con aceite de oliva cura la picadura de los insectos. Contiene mucílagos y las flores malvidina, glucosa, autocianina y taninos.

MATAGALLO MACHO (*Phlomis purpurea*). Se desconoce la composición química. La literatura indica que combate la fiebre, pero en Álora se utilizan las hojas en infusión para bajar el colesterol: Según describe el farmacéutico malagueño Dr. Laza en su libro sobre flora malacitana, las hojas se utilizan en infusión contra la fiebre.

MANZANILLA (*Matricaria camomila*). Combate el insomnio, la indigestión, contra la conjuntivitis y es cicatrizante. Lo usual es como digestiva. Contiene aceite esencial con camazuleno, aceite de bisabol, cumarina, glucósidos flavónicos, muscinas, azúcar. Las cabezuelas tienen un efecto antiinflamatorio, desinfectante de las vías urinarias, diaforéticas y calmantes. Sirve para aplicar en forma de compresas en heridas de difícil curación. Existen varias clases de artemisas, según su localidad, parece que la de Álora es la común, pero no ha sido estudiada.

MARGARITA (*Bellis perennis*). Es útil para combatir la congestión catarral y la tos. También se le atribuye acciones contra la artritis y reumatismo y para la diarrea. Las cabezuelas contienen ácidos málico, tartárico, acético, oxálico y tánico, con una materia amarilla colorante, la antoxantina, así como inulina.

MARRUBIO (*Marrubium vulgare*). Es parecido al matagallo y actúa contra el colesterol y la glucosa. En la literatura se describen varias clases de marrubio, y concretamente el *Marrubium vulgare* se describe como expectorante, febrífugo y modificador de la mucosa respiratoria; también es útil en las fiebres tifoideas. Estimula el apetito y las secreciones gástricas. Es eficaz para regular el ritmo cardíaco. Aplicada sobre la piel cura las heridas infectadas. Las semillas contienen marrubina. Las flores contienen resina, materia grasa, cera, taninos, un glucósido y saponina ácida.

MEJORANA (*Origanum majorana*). Los tallos y las hojas contienen taninos, pentosanas y minerales. El producto más importante es la esencia que contiene terpenos. Se considera un buen tónico estomacal, incluso sedante y antirreumática. Mis noticias es que se utiliza como depurativo de la sangre, y también como aliño para el pescado.

MELONCILLO (*Ecbalium elaterium*). El aceite después de freír se usaba contra las hemorroides.

MATRANTO (*Mentha rotundifolia*). No se ha podido encontrar en la bibliografía, ni recoger del campo. El conocimiento popular lo indica para combatir el colesterol.

MIERA. Es una brea procedente del enebro (*Juniperos oxycedrus*). Se saca de la resina de enebro. La porra se hierve y sale la miera que sirve para el dolor de muelas y las picaduras dentales desaparecen. Se describe como vermífuga y vulneraria. Para rebajar las llagas. En veterinaria se puede usar para la roña del ganado y otras dolencias cutáneas.

NARANJO AMARGO (*Citrus aurantium*). El producto obtenido más utilizado es el agua de azahar, que es espasmódica y ligeramente hipnótica. La corteza de la naranja es un tónico estomacal que facilita la expulsión de los gases intestinales. Contiene aceite esencial, glucósido hesperidina. Tiene efecto laxante, estimula la secreción de jugos gástricos. Combate las náuseas, malestares gástricos de origen nervioso, sedante, y el zumo baja el colesterol. En la literatura consultada se describen dos refranes: «Naranjos agrios, uno debería haber en cada patio»; «Naranja agria en ayunas, salud segura».

OLIVO ACEBUCHE (*Olea europea*). Los olivos en general contienen ácido oleico, linoleico, palmitito, esteárico y araquidico, algunos ácidos grasos libres, fitosterina, lecitina. Su efecto es tranquilizante, antiinflamatorio, laxante, estimula la secreción biliar, y combate los cálculos biliares, el estreñimiento y su uso principal en la comarca es la infusión de hojas del acebuche como antihipertensivo.

ORTIGA (*Urtica dioica*). Contiene histamina, ácido fórmico, hierro, vitamina c, glucoquinina. Elimina el ácido úrico, y externamente es vesicante y antirreumática. Combate el reumatismo, lumbago, la caída del cabello, y algunas enfermedades cutáneas, pero mi referencia de uso es para combatir la calvicie y en infusión contra las hemorroides. Usada en el tratamiento de la gota.

PALODU (*Glycyrrhiza glabra*). También conocido como regaliz y paloduz. La raíz hervida es usada para combatir la bronquitis. La raíz contiene glicirricina, flavonosidos, sacarosa, glucosa, manita. Es eficaz para aliviar las ulceras gástricas.

PEO DE ZORRA O HIEL DE LA TIERRA. Tal como me lo describió Bartolomé Domínguez Gil, era como un hongo, que se criaba superficialmente sobre la tierra, como una especie de bola marrón que cuando maduraba se le abría un agujerito en la parte superior, se apretaba y salía un polvo que echado sobre una herida en la piel, la sanaba.

PITA. Variedad de aloe. Contra los dolores. Se cuecen tres trozos de pita de tres pencas distintas. Se trocean, se hierven y el líquido se pone sobre la zona dolorosa dos o tres veces al día. Contiene acíbar y aloínas.

POLEO (*Mentha pulegium*). La infusión de las hojas actúa como antidiarreico, para los dolores de barriga y el dolor de la menstruación. Contiene una esencia compuesta por pulegenona, acetato de metilo, mentona, limoneno, dipenteno, etc.

RABITO DE RATONES. Según se describe, es útil para combatir los dolores de huesos.

RETAMA (*Retama sphaerocarpa*). Se dice que actúa contra las verrugas de forma mágica. Antes de que salga el sol por la mañana, se le hace un nudo a una rama y se deja en la rama, antes de los 15 días deben desaparecen las verrugas. También machacada con sal para los dolores de huesos. En la corteza y en las ramitas de la retama común se halla el alcaloide retamita, esparteína. Las propiedades diuréticas de las flores parecen estar reconocidas. Antiguamente se utilizaba en las afecciones agudas del aparato respiratorio. También en la cianosis y en decaimiento del miocardio, siempre preparada por los boticarios y bajo la vigilancia de los médicos.

ROMERO (*Rosmarinus officinalis*). Se usa como sedante en infusión, pero son muchas las propiedades, como colagogo, antiespasmódico y diurético. En dolores articulares y tonificar en la fatiga. El licor de romero que se vendía en las farmacias se empleaba en los casos leves de hipotensión, a razón de dos cucharadas dos o tres veces al día. Las hojas contienen tanino, saponina ácida y pequeñas cantidades de un glucósido. El principal componente es la esencia de romero, que se obtiene de las hojas. Esta esencia está formada por pineno, canfeno, cíñelo, alcanfor y borneol.

ROMPEPIEDRA (*Herniaria glabra*). Para el riñón. Se cuenta un caso de una mujer que cuando la tomaba para el riñón, le desaparecían las varices de las piernas.

RUDA (*Ruta graveolens*). Se dice que combate el colorín. Se pone cerca de la almohada o se pasa por la cara. Los lugareños también han usado sus vapores contra el resfriado. Sus hojas contienen resina, gomas, taninos, el glucósido rutina y una esencia. La rutina es responsable aumenta la resistencia de los capilares sanguíneos, evita su ruptura y las hemorragias consiguientes. La ruda es rica en vitamina c. La rutina también se utiliza para combatir la hemoptisis, nefritis hematúricas y en general para prevenir la fragilidad de los vasos sanguíneos. También ha sido utiliza para provocar la menstruación, contra los espasmos, y antihelmíntica. Es una planta peligrosa, que debe ser vigilada por un especialista.

SANGUINARIA (*Paronychia argentea*). También se le llama *piquito de gorrión.* No se han hecho estudios de su composición. Es tenida como por diurética (la flor), también para el mal de cabeza y hemorroides.

TÉ SILVESTRE. Se da en la zonas húmedas de la comarca, pero hoy día es difícil encontrarlo. Ha sido utilizado mucho por los habitantes del campo como infusión.

TOMATE (*Licopersicum sculentum*). Un trozo sobre un grano infectado en la piel hace salir el pus.

TOMILLO (*Thymus vulgaris*). Digestiones difíciles. Puede emplearse por vía externa en loción sobre heridas infectadas. En gargarismos es eficaz en casos de faringitis, calmando el dolor de garganta y la tos irritativa. Favorece la expectoración y relaja los espasmos. Los antiguos egipcios empleaban la esencia pata embalsamar cadáveres. Los tallos contienen taninos, principios amargos, saponinas, antisépticos, aceite esencial que contiene timol y carvacrol. También se usa en la cocina como hierba aromática.

UNCIANA REAL (*Gentiana lutea*). Contiene un glucósido que es la genciopicrina, contenido en la raíz. Otro componente es la genciomarina y genciana. También se encuentran dos fitosterinas. Popularmente se usa para las heridas, quemaduras y para el estómago como tónico. Antes de las comidas, aumenta el apetito, y después para favorecer digestión. Favorece el aumento de glóbulos blancos. Ha sido utilizada contra la fiebre.

VERDOLAGA (*Portulaca oleracea*). Su composición principal es agua y un mucílago. Se dice que la variedad *macho* es útil contra la caída del pelo. Además es antiescorbútica, diurética y refrescante. Se describe que dulcifica y alivia las irritaciones de la vejiga, y de las vías urinarias. Se puede tomar cruda.

ZAHAREÑA (*Sideritis angustifolia*). Es una planta muy utilizada por los aloreños, principalmente como cicatrizante de heridas y en infusión al interior como digestiva. En el mundo animal se utiliza mucho, sobre todo en las heridas.

5. USOS MEDICINALES DE ALIMENTOS USUALES DE ÁLORA

La cocina tradicional de Álora está basada desde el punto de vista gastronómico en la dieta denominada mediterránea. Se utilizan frecuentemente alimentos de origen vegetal, como el tomate, pimientos, cebollas, ajo, perejil, hierbabuena, lechuga, aceite de oliva, espárragos trigueros, garbanzos, lentejas, patatas, batatas, hinojos, granadas, membrillos, naranjas, limones, uvas, pepinos .etc. En cualquier casa de campo de nuestra tierra se ve un poquito de huerta y algunos frutales.

Para completar este manual y que mis paisanos sepan lo que comen, veamos las propiedades de estos alimentos que forman parte de la cocina tradicional.

ACEITE. Podríamos decir que es el rey de la cocina, pocos platos se pueden hacer sin él y además nos proporciona muchos remedios y cualidades nutricionales. Existen muchas variedades de aceitunas, pero en la comarca de Álora, las más frecuentes son la manzanilla y hojiblanca. Aceites malos no existen, existen paladares diferentes. Pero sí existe un aceite que ha sido estudiado químicamente y comparado con los demás, y es el aceite procedente de la aceituna picual, muy frecuente en Jaén y Córdoba. Es un aceite que pica un poquito, espeso y con mucho sabor, que lo distingue de los demás por ser el que más ácidos grasos poliinsaturados contiene, que son cardioprotectores, y es el que contiene más polifenoles que le da resistencia al enranciamiento y a las altas temperaturas.

ACELGA (*Beta vulgaris*). Se le reconocen sus propiedades para curar dolores de cabeza y de oídos. Se la considera hepatoprotectora y disminuye el nivel sanguíneo de los triglicéridos por su contenido en betaína, que facilita el metabolismo de las grasas. Contiene vitamina A y C, potasio, calcio, magnesio, yodo, folatos, betacarotenos, ácido oxálico. Es útil contra el estrés, diurética, infecciones respiratorias, en la elaboración de hormonas sexuales, protege el hígado, tiroides. Contra la bajada de defensas e interviene favorablemente en la formación del feto.

AGUACATE (*Persa americana*). Previene la arteriosclerosis, antidiabético. Sus hojas en infusión son buenas para la vesícula, son digestivas, antiflatulentas y calman la bronquitis y dolores menstruales. El aceite de su pulpa combate la caída del cabello. Sus grasas monoinsaturadas ayudan a reducir el colesterol. Contiene vitamina A, E, B1, B2, B3, D y minerales como hierro, fosforo, magnesio, ácido fólico, niacina, ácido oleico y biotina.

ALCACHOFA (*Cynara scolymus*). Tiene un efecto beneficioso sobre la vesícula biliar. Es preventiva de la arteriosclerosis. Evita la formación de cálculos biliares y también es antidiabética. Es útil en el estreñimiento, disminuye el colesterol, diurética. Su principal componente es la cinarina (principio amargo) y la cinaropricina (glucósido). Contiene proteínas, hidratos de carbono, mucha fibra, potasio, sodio, calcio, fosforo, vitamina E, B1, B3, ácido cloroquínico, esteroles, ácido málico y cítrico.

ALMENDRA (*Prunus amyddalus*). Las almendras amargas son sobre todo antiespasmódicas. Tanto las amargas como las dulces contienen gran cantidad de aceite, muy útil para la protección de la piel. Las lombrices del vientre también son combatidas con las amargas. La leche de almendras dulces, combate los estados febriles, trastorno pectoral, irritación intestinal, cistitis, cálculos renales. También disminuye el colesterol. Contiene proteínas, grasas vegetales, hidratos de carbono, azúcar, potasio, calcio, magnesio, fosforo, hierro, vitaminas B1, B2, E, ácidos omega 3 y zinc.

AJO (*Allium sativa*). Es un vegetal ampliamente utilizado en la cocina aloreña. Su uso diario proporciona beneficios difíciles de superar por otros alimentos. Tiene efectos antimicrobianos, actuando sobre bacterias, hongos y parásitos. El aceite esencial se elimina por los pulmones por lo que puede ser eficaz contra infecciones respiratorias, como bronquitis, resfriados y gripe. También ayuda a disminuir la presión sanguínea, cuando se consume de forma continuada, así como rebajar los niveles de colesterol en sangre. Evita los coágulos en sangre. Es antiarrítmico, antidiabético. Combate la calvicie. Contiene alicina, enzimas, hormonas sexuales, sales minerales, vitaminas, oligoelementos etc.

ALBARICOQUE (*Prunus armeniaca*). Propiedades antioxidantes, pues contiene muchos betacaroténos, por lo que previene el cáncer y se aconseja a los fumadores. También beneficia a la visión y por su contenido en hierro es antianémico.

ALUBIA (*Phaseolus vulgaris*). Rica en ácidos nucleicos y proteínas. La fibra que contienen es útil para el colesterol, la diabetes. Previene el estreñimiento y el cáncer de colon.

APIO (*Apium graveolens*). Las semillas se han empleado para el tratamiento del reumatismo, artritis y gota. También es diurético y antiséptico urinario por su contenido en apiol.

ARROZ (*Oryza sativa*). Principalmente contiene vitamina B1, B2 y B3, fosforo y potasio. Es preferible el arroz integral, pues el normal en el proceso de refinamiento y pulido, pierde muchos de sus componentes. Es antidiarréico, protege las mucosas internas. Útil en las gastritis o dolor de estómago. Ayuda a eliminar agua y por tanto disminuye la tensión arterial y la glucosa. La ingestión diaria de un par de cucharadas de salvado de arroz ayuda a eliminar y prevenir los cálculos renales.

BATATA (*Pomoea batatas*). Presencia de azucares, carotenos. Vitamina A, E y C, ácido fólico. Rica en almidón, sodio, potasio. Previene el cáncer de estómago, enfermedades del hígado y retrasan el envejecimiento.

CALABAZA (*Cucúrbita pepo*). Las semillas se han usado desde hace tiempo para combatir las lombrices y la tenia. Anticancerígena, diurética, contra las infecciones del aparato respiratorio, interviene en la formación de anticuerpos, de glóbulos rojos y blancos. En la formación de cabellos, uñas, piel, mucosas y huesos. Laxante. Contiene vitamina A y C, vitaminas B1, B2, B3, B6, potasio y calcio. Magnesio, hierro, cobalto, zinc, betacaroteno, ácido oxálico, linoleico, palmítico, lecitina y aminoácidos.

CANELA (*Cinnamomun zeylanicum*). Se suele usar como carminativo junto con otras hierbas. Calma las náuseas y los vómitos. También aminora la diarrea. Se aprecia por su acción sobre el sistema digestivo, ya que tonifica el estómago. Hasta hace poco ha sido la gran desconocida, pues además ayuda a controlar los niveles de azúcar y triglicéridos. El extracto tiene efectos antiinflamatorios y analgésicos en los dolores de las articulaciones. Efectos relajantes. Contiene fósforo, vitaminas C y B1, hierro, potasio y calcio.

CEBOLLA (*Allium cepa*). Es una planta con un gran protagonismo en la cocina y con muchas propiedades. Con fines medicinales se prefiere la cebolla cruda roja y fuerte, más rica en esencias. La cebolla contiene sales minerales, vitaminas, azucares, azufre, oligoelementos y agua en abundancia. La cebolla es sana para el sistema nervioso. Actúa contra el cáncer. La cebolla cruda favorece al corazón, a las arterias y a los riñones. Es antiinflamatoria, antihipertensiva, antihemorroidal. Es buena contra la caída del pelo. Para la curación de la bronquitis, antitusígena. Contra el asma.

CHIRIMOYA (*Anona chirimola*). Laxante. Tiene efecto saciante y regulador de la glucosa. Reduce los niveles de colesterol. Antioxidante. Buena para la hipertensión y también es ansiolítica y tranquilizante. Contiene un 75 % de agua. Vitaminas A y C, fosforo, calcio, niacina, vitamina B, ácido fólico, ácido ascórbico y compuestos antioxidantes.

CHUMBO (*Opuntia ficus*). El fruto es rico en fibra y pectina. Vitaminas C y A y diversos minerales. Astringente. Las infusiones de las flores son diuréticas y espasmódicas.

CIRUELA (*Spondias purpurea*). Esencialmente para combatir el estreñimiento. Contiene pectinas, fructosa y azufre. El principal componente es el agua. Contienen algo de provitamina A y vitamina E (antocianos, antioxidantes).

COL (*Brassica oleracea*). Útil en la prevención del cáncer. Se aplica en compresas contra los forúnculos y dolor de cabeza. El zumo es bueno para las ulceras gástricas, infecciones bronquiales y ronqueras. Contiene grandes cantidades de vitaminas A y C,.

COLIFLOR (variedad de *Brassica oleracea*). Contiene vitamina C, ácido fólico, magnesio, potasio, calcio. Tiene propiedades antioxidantes y diuréticas. Antihipertensivo, anticancerígeno. Para la salud de las arterias y del corazón. Alto contenido en ácido alfa lipoico (potente antioxidante). Alivia las úlceras gástricas.

ESPARRAGO (*Asparagus officinalis*). Es un alimento muy consumido en Álora y muchas personas suelen salir al campo en búsqueda después de las primeras lluvias. Elimina toxinas y es diurético, útil para el reuma, enfermedades renales, gota. Contiene vitamina A, C, E, B1, B2 Y B6. Potasio, calcio, magnesio y fosforo.

ESPINACA (*Spinacea oleracea*). Contiene sales de potasio, de sodio, ácido fosfórico, óxido de hierro. Laxante, antianémica, para la arteriosclerosis. El caldo de las espinacas hervidas cura las enfermedades intestinales. El jugo crudo es tónico. Útil para el cerebro y nervios. Cruda, para la artritis y jaquecas. Contra el estreñimiento y artritis.

FRESA (*Fragaria vesca*). Contiene fibra, calcio, hierro, yodo, zinc, sodio, potasio, vitamina A y B. Previene el cáncer y evita la obstrucción de vasos sanguíneos. Laxante. Actúa sobre enfermedades de la piel, sobre todo acné. Diurética y antirreumática. Puede evitar la formación de piedras en la vesícula biliar. Por la lecitina y pectina que contiene, disminuye el colesterol. La cocción de las raíces disminuye la inflamación en la artritis.

GARBANZO (*Cicer arietinum*). Alto contenido en fibra, por lo que actúa contra el estreñimiento, reduce el colesterol, en enfermedades cardiovasculares. Contra la diabetes. Contiene magnesio, que es bueno para el estrés y los músculos. Calcio, potasio, grasas saludables, hierro, vitaminas B1, B6, B2.

GRANADA (*Púnica granatum*). La corteza tiene una actividad antihelmíntica. Contiene taninos y alcaloides. Los granos del fruto contienen glucosa, ácido cítrico, ácido málico y mucha vitamina C. Los últimos estudios apuntan que la corteza del fruto puede prevenir el cáncer de próstata.

GUISANTE VERDE (*Pisum sativum*). Contiene hidratos de carbono, proteínas, sodio, potasio, vitaminas C, B1, B2, B3, magnesio, lecitina. Para la circulación y salud del corazón, Previene la arteriosclerosis y disminuye el colesterol. Por tanto previene la angina de pecho y el infarto de miocardio. Controla el nivel de azúcar en sangre. Favorece el tránsito intestinal.

HABA (*Vicia faba*). Contiene tirosina, fenilalanina, tiramina y alcaloides. Las flores tienen virtudes diuréticas.

HABICHUELA (*Phaseolus vulgaris*). Una de las legumbres más consumidas. Fuente natural de proteínas y fibra, así como de minerales, vitaminas y aminoácidos. Alto contenido en ácido fólico por lo que se recomienda en mujeres embarazadas. No contiene gluten. Evita la formación de grasas y previene el cáncer de colon.

HIERBABUENA (*Mentha spicata*). Se dice que puesta sobre la frente, mitiga el dolor de cabeza. Es muy grata al estómago, pues se ha empleado como aperitivo en las grandes comilonas. Contiene mentol que puede actuar sobre los nervios que provocan el dolor, produciendo analgesia. Contiene carotenos que son antioxidantes y flavonoides que son anticancerígenos y disminuyen el colesterol. Además contienen limoneno y taninos.

HIGUERA (*Ficus carica*). Según Dioscórides, la leche de los higos aplicada, con harina de trigo, limpia y purifica la sarna, los empeines, las quemaduras del sol, las asperezas. Deseca las verrugas. El fruto (higo), contiene carbohidratos, proteínas, potasio, provitamina A, vitaminas B1, B2, B3, B5, ácido fólico, calcio, hierro, fósforo, potasio y zinc. Antioxidantes y expectorantes, es además útil en las bronquitis, catarros y mucosidad excesiva. Laxante y antirreumático. Mejora la acidez y reflujos estomacales.

HINOJO (*Foeniculum vulgare*). Tiene propiedades beneficiosas sobre el estómago e intestino, calmando la flatulencia y el cólico, al mismo tiempo que estimula la digestión y el apetito. Efecto calmante sobre la bronquitis y la tos. Contiene aminoácidos como alanina, que incrementa las defensas del sistema inmunitario. La arginina, para el crecimiento muscular y reparación de tejidos. Histidina, que es vasodilatadora y estimulante del jugo gástrico, combate la anemia, artritis y úlceras. Contiene ácido ascórbico, aspártico, glutáminico que incrementa la capacidad mental. Calcio, cobalto, hierro y magnesio. El aceite de hinojo, aplicado al exterior, alivia dolores musculares y reumáticos y la infusión aplicada en compresas sirve para tratar la conjuntivitis y la inflamación de los párpados. Antianémico, diurético. Las semillas tienen un efecto espasmolítico y favorecen las digestiones pesadas favoreciendo la eliminación de gases y también se describe su acción beneficiosa sobre la diabetes. Se emplea en la cocina aloreña en ciertos guisos y en la industria en la elaboración de licores, confitería y cosméticos.

JUDÍA VERDE (*Phaseolus. ssp*). Rica en vitaminas, aminoácidos y minerales. Provitamina A, vitaminas B1, B2, B6 y C, y K, magnesio, calcio. Tiene acción antiinflamatoria y es buena para el corazón, sistema inmunológico y para los huesos. Beneficiosa para la osteoartritis, asma o artritis reumatoides. Contiene mucho hierro.

LECHUGA (*Lactuca sativa*). Tiene propiedades ansiolíticas, sedante, diurética. El consumo frecuente evita cálculos renales. Ayuda a eliminar gases intestinales (carminativa). Mejora la circulación sanguínea, expectorante, disminuye el colesterol. Contiene alto porcentaje de agua, folato, provitamina A, vitamina C, potasio, magnesio y mucha fibra.

LENTEJA (*Lens culinaris*). Contiene vitaminas A, B1, B2, B3, B6, C y E. Entre los minerales, potasio, magnesio, calcio, sodio, manganeso, selenio, cobre y zinc, ácido fólico, niacina, hierro. Combate el estrés, colesterol, osteoporosis, útil en el embarazo, descalcificación, problemas cardiovasculares. Para dientes y uñas, cabello, diabetes, antianémicas, arteriosclerosis.

LIMÓN (*Citrus limón*). Junto con la cebolla y el ajo, es otro de los grandes reyes de la nutrición y poderes medicinales. La corteza de limón es rica en esencia. Su zumo contiene ácido cítrico, ácido málico, ácido fórmico, ácido acético, citrato de potasio y de calcio, mucilagos, sustancias pécticas, sales minerales, oligoelementos, vitamina P y sobre todo vitamina C. La corteza de limón actúa contra los gases intestinales, es depurativa de los intestinos, estomacal y carminativa por los principios amargos que contiene. El limón favorece la fluidez de la sangre, por lo que es preventivo de angina de pecho y de hipertensión. El zumo de limón, consumido en ayunas, inmuniza contra muchas enfermedades. Es desinfectante de heridas externas, de tal manera que muchas personas del campo lo utilizan cuando sufren cortes en las manos en sus labores agrícolas. Por su alto contenido en vitamina C, refuerza los epitelios, oxigena las células, etc. Son innumerables las propiedades del limón.

MANZANA (*Malus pumila*). Es una fuente de fibra, y pectina que previenen el estreñimiento. Contiene aminoácidos, vitaminas y minerales. Una manzana después de cada comida facilita la digestión. Es buena para la fatiga mental y física. Es beneficiosa en caso de retención urinaria y combate el colesterol.

MELOCOTONERO (*Prunus pérsica*). Sus hojas son demulcentes y suavizante de las mucosas, muy indicado para afecciones del tracto digestivo, como gastritis y del tracto respiratorio, como la tos ferina y bronquitis. Contiene un 90 % de agua, mucha fibra. Pocas calorías. Vitaminas A, B, C, potasio, fósforo, magnesio, calcio, cloro manganeso, cobalto, hierro.

MELÓN. Por su contenido en adenosina, evitan la formación de coágulos en la sangre. Por su contenido en betacarotenos. Previene la aparición de cáncer. Las semillas machacadas ayudan a eliminar las lombrices intestinales. Bueno para el estreñimiento.

MEMBRILLO (*Cydonia oblonga*). Puede actuar como laxante suave y eficaz en caso de estreñimiento, así como moderador en las gastritis. En forma de enjuague bucal sirve para aliviar los dolores e inflamaciones de la boca. También es eficaz en el tratamiento de la tos seca e irritativa, para expectorar. Por vía externa puede aplicarse en quemaduras leves. Astringente y antiinflamatorio, protector hepático, favorece la digestión. Su uso habitual reduce el colesterol y prevenir enfermedades cardiovasculares. Contiene muchos minerales, como potasio, fosforo, calcio, magnesio, sodio, hierro, zinc, selenio, manganeso y cobre. Vitaminas A, B1, B2, B3 y B6.

NARANJA (Pertenecen al género *citrus*). En Álora se cultivan muchas variedades de naranjas. Ya hemos descrito la variedad amarga que era la que prioritariamente se cultivaba hace 50-60 años. También se cultivaba la naranja dulce, muy valorada. La variedad china para zumos, la mandarina y la lima. Después surgieron la verna, navelina, navelate, otras variedades de clementinas etc. Las naranjas contienen hidratos de carbono, proteínas, lípidos, celulosa, agua, sales de calcio, de fosforo, de hierro, de potasio, de magnesio, de sodio, de azufre de cloro. Vitaminas A, B1, B2, C. Niacina o vitamina P y ácido cítrico. Los cítricos son alimentos con una gran amplitud de propiedades. Se describe que son beneficiosos para la acidez estomacal, acné, anemia, arteriosclerosis, artritis, artrosis, astenia, bronquitis, cálculos vesicales, cefaleas, colecistitis, diabetes, enfermedades infecciosas escorbuto, estreñimiento faringitis, gripe, colesterol, hipertensión, nauseas, reumatismo, tos. Bajan el colesterol, disminuyen el riesgo de cáncer de colon, etc.

NÍSPERO (*Manilkara huberi*). Contiene potasio, magnesio, calcio, hierro, taninos pectinas, vitamina B y C, ácido cítrico, tartárico, y málico. Si se mezcla con corteza de rábano ayuda a expulsar los cálculos de la vejiga. Antidiabéticos, diuréticos, para la gota y cálculos renales.

ORÉGANO (*Origanun vulgare*). Contiene aceites esenciales a base de timol, jugos amargos y taninos. Se puede emplear contra la tos en infusión, pues es expectorante y antiespasmódico. También es beneficioso en los trastornos gástricos, fatiga nerviosa. Es una planta muy utilizada en la cocina como aromático.

PATATA (*Solanum tuberosum*). Contiene vitaminas C, A, B1, B2, B6 y PP. Potasio, fosforo, sodio, magnesio, niacina, ácido fólico, hidratos de carbono. Un 80 % de agua, proteínas, almidón, fibras y glúcidos. Ha sido muy utilizada en forma de cataplasmas en las quemaduras, en la inflamación de parpados y en moretones aplicada en rodajas. El jugo de las cáscaras hervidas contra los cálculos biliares. El caldo de cocción, contra las ulceras. Se dice que cinco patatas a la semana previenen el infarto de miocardio.

PEPINO (*Cucumis sativus*). Al igual que la calabaza, sus semillas combaten la tenia intestinal. Su principal uso es en la cosmética. El jugo es bueno para refrescar, suavizar la piel. Contiene sobre todo agua, calcio, ácido fólico vitamina A y beta carotenos. Muchos aminoácidos, sobre todo ácido glutámico, lisina y leucina.

PERA (*Pirus comunis*). Tiene alto contenido en calcio y pectinas, por lo que evita el estreñimiento. Útil en enfermedades renales y arteriosclerosis. Contiene vitamina B, niacina, ácido fólico, hierro, yodo. La fibra soluble favorece la eliminación de colesterol. Combate el bocio y son antianémicas.

PEREJIL (*Petroselinum crispum*). Se dice que un cocimiento de perejil tiene el poder de desintoxicar los riñones: se coge un puñado de perejil, se hierve durante diez minutos en un litro de agua, se filtra y se toma en dosis de un vasito diario.

Es un potente antioxidante, rejuvenece la piel, Contiene beta carotenos, es rico en calcio, fosforo, hierro y azufre. Combate el mal aliento. Rico en vitamina c, previene el cáncer, problemas cardiacos, cataratas, fortalece el sistema inmune, uñas y cabellos. Es un excelente diurético. Estimula la menstruación. Clama la flatulencia y los dolores de cólico. La raíz contiene aceites esenciales. Estimula el apetito y la digestión. El jugo de la raíz es bueno contra las picaduras de insectos.

PIMIENTO (*Capsicum annuun*). El principio activo del pimiento picante es la capsaicina. Los pimientos contienen agua, hidratos de carbono, vitamina c. Facilitan la digestión de los alimentos. Del pimiento picante se aprovecha la capsaicina para usos medicinales.

PLÁTANO. Por su riqueza en potasio, ayuda a equilibrar el agua del cuerpo por lo que es útil para regímenes de adelgazamiento. Al eliminar agua y sodio es bueno para la hipertensión, gota y reumatismos. El potasio interviene en el buen funcionamiento de los nervios, corazón y músculos. Útil para los calambres musculares. Bueno para el nerviosismo y depresión. Previene embolias y las gastritis.

POMELO (*Citrus paradisis*). Con las semillas se fabrican extractos desinfectantes que impiden el crecimiento de hongos, bacterias y virus. Es un desinfectante natural de las vías respiratorias, ulceras de la boca, piel. Contiene ácido ascórbico, pectinas, proteínas, hidratos de carbono, hierro, potasio, calcio, fosforo, azufre, magnesio y vitaminas.

RÁBANO (*Raphanus sativus*). Estimula la digestión y alivia los gases y retortijones. También en infecciones urinarias. Puede usarse en forma de emplasto para la bronquitis. Es rico en tioglucósidos, vitamina C, provitaminas B y sustancias antisépticas.

SANDÍA (*Citrulus lanatus*). Contiene un tripéptido formado por tres aminoácidos: Glicina, cisteína, y ácido glutámico que potencian el sistema inmunológico. El licopeno previene el envejecimiento. También tiene vitamina C y potasio.

TAGARNINA (*Scolymus hispanicus*). Es una planta que se da mucho en la provincia de Málaga y es buscada por el campo al igual que los espárragos, utilizándose mucho en los guisos de Álora. También se le llama *cardillo*. No se conoce apenas su composición, pero se sabe que la raíz tiene propiedades diuréticas.

TOMATE (*Licopersicun sculentun*). Es un alimento ampliamente extendido, pero las mujeres de Álora le implican un sabor especial en sus guisos. Es rico en vitamina C y Z, vitamina PP y potasio, fosforo, hierro, calcio, magnesio, manganeso, zinc, cobre, y sodio. Elevadas cantidades de licopeno. Previenen cardiopatías, y la buena visión. Da resistencia a las enfermedades y gran antioxidante. También se dice que previene problemas de próstata.

UVA (*Vitis vinífera*). Los perotes somos grandes consumidores de este fruto, pues en cada casa de campo existe una parra de diversas variedades. Es rica en bioflavonoides, vitamina C, fosforo, potasio, calcio, magnesio, hierro y cobre. Abundantes taninos. Es beneficiosa para el reumatismo, enfermedades del hígado o la vesícula biliar. Son beneficiosas contra las varices, hipertensión, mejoran la función hepática y cardiaca. Es antioxidante y elimina toxinas.

VINO TINTO. Contiene vitamina A, C y varias del complejo B. Contiene taninos que previenen patologías cardiacas y minerales. Es antioxidante. Los vinos blancos pueden reducirla formación de cálculos. En un Restaurante de Álora leí el siguiente escrito sobre el vino: «Beber es acto que realizan las razas de linaje antiguo. Cuando se hace uso del vino es salud y medicina. El vino aumenta la fuerza, exalta. Estimula el sistema nervioso. Rinde fácil la elocuencia. Empuja a la benevolencia, al perdón y al heroísmo. El vino desarrolla la fantasía, aumenta la alegría, hace lúcida la mente, aleja la melancolía, concilia el sueño, conforta la vejez y da aquel sentido de euforia por donde la vid pasa suave, lenta y tranquila».

ZANAHORIA (*Daucus carota*). El aceite esencial tiene propiedades antisépticas urinarias. También para los cálculos renales (del riñón). Las semillas tienen poder carminativo para casos de flatulencia y cólicos. Protegen las arterias, visión, piel, dientes y encías. Previenen la arteriosclerosis. Contienen mucha agua, carotenos, potasio, fosforo, magnesio. Vitamina A, B y C.

6. OTROS REMEDIOS

ABADALEJO. Es un escarabajo que se echaba en aceite a macerar y ese aceite se añadía en las inflamaciones de los mulos y salía el pus.

ADELFA. Se cuelga un manojo de tallos tiernos en el corral donde pernoctan las gallinas y elimina los piojos. Es venenosa.

ARTAVISCO. Cuando una cabra no eliminaba la placenta después del parto, se le ataba al cuello esta planta y si a los nueve días no la expulsaba se le daba canela y cáscara de encina hervida.

BARRO. Para las picaduras de insectos. Muchas veces trabajando en el campo aparece algún insecto que le produce una picadura al agricultor, siempre se ha usado aplicar barro, pero si no tiene agua en ese momento, se recurre a la orina.

CAOLÍN. En muchos caminos entre los montes de Álora, existen piedras de caolín y los trabajadores que vivían en los lagares, cuando bajaban por las realengas sus productos del campo para llevarlas al pueblo, se escocían entre las piernas. Entonces usaban trozos de piedras de caolín machacada para las escoceduras. Era una especie de talco.

CAL VIVA. Usada por ganaderos para curar la podredumbre e infecciones de las pezuñas de vacas y cabras. En los corrales se acumulaban las heces y las pezuñas de estos animales se alteraban y deterioraban, la cal viva las sanaba.

CULEBRILLAS VERDES. Es una variedad de culebras pequeñas y se usaban contra las culebrinas. Se pasaba la culebrilla por la zona afectada y se metía después en un tubo de caña, se tapaba y se colgaba al cuello. Poco a poco se iba secando la culebrina y la culebra.

LAGARTIJA. Cuentan que se utilizaban contra las verrugas. Es un remedio con magia. Se cogía la lagartija y se pasaba por la verruga, después se introducía en un tubo de caña y se tapaba por los dos lados, se tiraba el tubo y no se pasaba por el sitio hasta que se calculaba que lagartija estaba seca. Hoy día estos dos ejemplos estarían enclavados dentro de lo que se llama la psicomagia.

LENTISCO. Para cortar la leche y hacer requesón.

PELOS DE LA MAZORCA DEL MAIZ. En infusión para los cólicos de los mulos, caballos y asnos.

PIEL DE SERPIENTE. Se tritura y se mezcla con el pienso de los caballos para los resfriados. También colocada debajo del sombrero sobre la cabeza, para los dolores de la misma.

VINAGRE. Mezclado con agua y sal gorda se utilizaba para heridillas de manos y pies. Además endurece la piel .El vinagre solo también se utiliza contra las picaduras de insectos.

TALLITOS DE CASUALIDAD. Es una palabra extraña. Francisco García Carrillo me contaba que tallitos que se encuentran pegados en la parte alta de los tallos de la retama, y se llama así porque es raro encontrarlos, pero se usaba para el dolor de cabeza colocándolo debajo del sombrero o gorra. Se dice que contra los dolores, se cortan tres plantas diferentes, se cuecen y se aplican sobre la zona dolorosa.

7. CONTENIDO DE LOS ALIMENTOS EN MACRONUTRIENTES Y MINERALES.

Para conocimiento del contenido de los alimentos, he elaborado un resumen de los alimentos más comunes para orientación y cultura culinaria del lector.

Ricos en calorías

Los aceites son los que más calorías aportan y por tanto, uno de los alimentos que más engordan. Las mantequillas y margarinas, mayonesa, avellanas, tocino y bacón, sobrasada, nueces, cacahuetes almendras y frutos secos. Hojaldres, chocolate. Patatas fritas, pipas de girasol, palomitas de maíz, altramuces. Quesos, salchichón, salami, morcillas.

Alimentos ricos en proteínas

Gelatina, bacalao, leche desnatada, jamón serrano, quesos, bonito, habas, lentejas, frutos secos, pavo y conejo, pescados, el solomillo de ternera

Alimentos ricos en hidratos de carbono

Son los alimentos ricos en azúcares. Azúcar, caramelos, arroz inflado, *crispis*, fécula de patata, copos de maíz y de arroz, puré de patatas, bizcochos y *donuts*, cacao en polvo, arroz blanco, galletas, macarrones, espaguetis, dátiles, mermeladas, chocolates, turrones, membrillo dulce, leche condensada, helados, pasteles.

Alimentos ricos en fibras
Útiles para el tracto digestivo, para el tránsito correcto de las heces. Cereales, centeno, lentejas, pan de trigo, frutos secos, nueces y pasas, castañas, espinacas, garbanzos, frutas, verduras, etc.

Alimentos ricos en fósforo
Junto con el calcio, es un componente del hueso. Forma parte de los ácidos nucleicos y del ATP. Útil para la osteosporosis. Se encuentra en: jabalí, queso parmesano y otros, leche de vaca, en polvo o desnatada, cereal integral, cacao en polvo, soja, yema de huevo, sardinas, habas, frutos secos, judías verdes, garbanzos, muesli, pavo, salmón, lenguado, lentejas, etc.

Alimentos ricos en magnesio
Nuestros huesos y dientes contienen cerca del 70 % de magnesio. Participa en los impulsos nerviosos y ayuda en la contracción muscular. Cacao en polvo, almendras, germen de trigo, caracoles, germen de trigo, soja, cereales integrales, frutos secos, nueces y pasas, habas secas, judías secas, avellanas, pistacho, centeno, percebes, *muesli*, acelgas, higo seco, pez espada, etc.

Alimentos ricos en calcio
Sirve para la formación de los huesos, y para el funcionamiento del sistema cardiovascular y muscular. Leches, quesos, sardinas, almendras, lentejas, avellanas, yogur, cuajada, higo seco, etc.

Alimentos ricos en hierro
Principalmente actúa como antianémico. Judías, cacao, soja, hígado de pollo, morcilla, mollejas de pollo, conejo, carne de vaca, huevos, jamón, cecina,

Alimentos ricos en zinc

Interviene en el crecimiento y división celular, que se requiere para la síntesis de proteínas. Es bueno para el acné, pérdida de pelo, para la piel, y problemas de próstata. Ostras, carne, arroz, cereales, germen de trigo.

Alimentos ricos en sodio

Para el metabolismo celular, transmisión nerviosa, equilibrio ácido-base y en la tensión arterial. Bacalao seco, anchoas en aceite, berberechos, oliva negra, caviar sucedáneo, aceitunas, jamón patanegra, crustáceos,, morcilla de cebolla, queso roquefort, salami, bacón, alcaparras, salchichón, quesos.

Alimentos ricos en potasio

Mantiene la tensión osmótica en las células y en el funcionamiento del corazón. Cacao en polvo, albaricoque seco, harina de soja, leche de vaca en polvo, tomate triturado en conserva, pistacho, patata frita, habas secas, almendras, perejil, garbanzos, frutos secos, lentejas, dátil, aguacate, cecina.

Alimentos ricos en yodo

El yodo mantiene nuestro metabolismo en equilibrio. Interviene en la formación de hormonas tiroideas. Facilita que nuestro cuerpo queme el exceso de grasa. Cuida de nuestros dientes, uñas y pelos. Berberechos, camarón, pijota, brotes de soja, arenque ahumado, bogavante, ajos, langosta, langostino, leche de vaca fresca, gambas, pescados, piña, cebolla, moras, rábano.

Alimentos ricos en vitamina C

Actúa en la formación del sistema óseo c. Previene las infecciones. Favorece la formación de colágeno, y dentadura. Potencia la absorción de hierro. Es antioxidante. Protege el sistema inmune. Guayaba, col cruda, perejil, pimientos, brócoli, berza, col de Bruselas, berro, pomelo, kiwi, fresas, repollo, limón, coliflor, naranja, calabaza, lombarda.

Alimentos ricos en vitamina B1 o tiamina

Interviene en el metabolismo de los hidratos de carbono, grasas, proteínas y ácidos nucleicos. En el funcionamiento del corazón, piel, sistema nervioso y digestivo. En el metabolismo del cerebro y formación de glóbulos rojos. Carne de cerdo magra, jamón pata negra, soja, lubina, mero, chorizo, besugo, cereal integral, col de Bruselas, harina de soja, pistacho, salchichón, avellanas, cacahuetes, nueces y pasas.

Alimentos ricos en vitamina B2 o Riboflavina productora de energía

Interviene en el metabolismo de las grasas, hidratos de carbono y proteínas. Desintoxica al organismo de sustancias nocivas. Mantiene la integridad de la piel, pelo, y mucosas. Necesaria para la visión. Hígado, cordero, ternera riñón, trigo, corazón de pollo, té, huevas frescas, cereales integrales, cecina, germen de trigo, almendras, quesos.

Alimentos ricos en vitamina B3 o Niacina

Reduce los niveles elevados de colesterol. Previene la arteriosclerosis. Mejora los síntomas de artritis, y puede retrasar la aparición de Alzheimer. Caracoles, almendras, arenque, bonito, atún, hígado, arroz, cacahuetes, lubina, riñones, salmón, pescados, leche, huevos, cereales integrales, patatas, y carnes.

Alimentos ricos en vitamina B6 o Piridoxina

Interviene en la síntesis de hidratos de carbono, grasas y proteínas. En la formación de anticuerpos y de neurotransmisores. Favorece la absorción del magnesio. Harina de soja, Harina de maíz, germen de trigo, maíz, arroz, trigo, leche.

Alimentos ricos en vitamina B7, biotina o vitamina H

La biotina sirve para fabricar testosterona, u hormona masculina, para formar musculo, para el crecimiento de uñas y cabello. Regula el peso corporal. La levadura de cerveza es la que contiene más cantidad, harina de soja, nueces, y cacahuetes, aguacates, manzanas, legumbres, yema de huevo, leche, quesos, pescado azul, ostras, salmón, semillas de calabaza, chocolate negro, ajo, semillas de sandía, pavo, espinacas.

Alimentos ricos en vitamina B12 o Cianocobalamina

Su misión principal es en la formación de la hemoglobina, es decir combate la anemia. Favorece la absorción del calcio y favorece el metabolismo de los alimentos. Previene la memoria y la demencia. Fortalece el sistema nervioso. Hígado de cordero, de ternera, carnes, pescado y la lima.

Alimentos ricos en vitamina A

Aumenta la inmunidad, protege de las radiaciones. Previene las infecciones de las mucosas y ayuda a la cicatrización de heridas. Es anticancerígena. Conserva la piel. Aumenta la fertilidad masculina y femenina. Indispensable para el crecimiento de cartílagos, huesos y dientes. Se aconseja para su formación tomar el sol diez minutos al día. Pimientos del piquillo, atún, tomate, tortilla de patata, bizcocho, jamón, queso, leche, yogur, hígado, zanahoria, perejil, espinacas, endibias.

Alimentos ricos en vitamina D

Útil para la formación de hormonas. Para metabolizar el calcio. Para eliminar el plomo del organismo. Para el crecimiento de los huesos. Fortalecer dientes. Para la actividad cardiaca, muscular e intestinal. Aceite hígado de bacalao, cereales integrales, trigo, yogur frutas, tortilla patata, leche, quesos.

Alimentos ricos en vitamina E o Tocoferol

Es antioxidante. Disminuye las causas del cáncer de vejiga. Favorece la fertilidad masculina. En la prevención de la demencia senil. Mejora el rendimiento físico en personas mayores. Mejora la fatiga crónica. Previene el cáncer de colon y piel. Aceite de germen de trigo, aceite pepitas de uva, aceite hígado de bacalao, margarina vegetal, soja, germen de trigo, pistacho, guisantes frescos, mueslis. En la degeneración macular senil.

8. ALIMENTOS RECOMENDADOS PARA COMBATIR LAS PATOLOGÍAS MÁS COMUNES

Ácido úrico. Es un derivado de ciertos alimentos que se acumula en articulaciones. Cerezas, fresas, uvas, manzanas y plátanos. Los no recomendados son las carnes rojas, cordero, cerdo, riñones, hígados, pescado azul, mariscos, coca cola, café, té y alcohol, legumbres, guisantes, soja, espinacas, acelgas, espárragos y setas.

Anemia. Es una falta de glóbulos rojos o de hemoglobina. Muy frecuente en mujeres en edad de procrear y con abundante periodo mensual. Los médicos prescriben ciertos medicamentos, pero se puede incorporar a la dieta verduras de hoja ancha, como espinacas y acelgas, lentejas, pescado azul, fresas, etc.

Ansiedad. Es una enfermedad del nuestro siglo y cada vez más frecuente. Antes de tomar medicamentos, es conveniente acudir a un psicólogo para aprender técnicas de relajación, basadas en la respiración. Se recomienda la avena por contener Tiamina y ácido pantoténico que son tonificadores del sistema nervioso. Complementos de zinc también suelen ir bien.

Artrosis. Tomar con frecuencia, apio, nabo, limón, col, pescado azul y aceite de onagra.

Calambres. Alimentos ricos en potasio como el plátano. También es útil en los calambres de los músculos gemelos tomar media cucharadita de bicarbonato disuelto en agua, antes de acostarse.

Cansancio, fatiga. Avena, germen de trigo, sésamo, jalea real, polen, frutas. Reducir bebidas estimulantes, y chocolate.

Colesterol. Los niveles altos pueden provenir de origen genético o por exceso de alimentos ricos en colesterol. El médico hará las recomendaciones pertinentes. Se recomienda: carne de aves, conejo, dos copitas de buen vino tinto, almendras, nueces, ciruela, manzana, membrillo, pomelo, aguacate, alcachofas, apio, cebolla, ajo, remolacha, soja, salvado, legumbres, aceite de oliva, pescados. No consumir fritos, ni grasas, embutidos, bollería, azúcar, café, huevos, leche, quesos, carnes rojas.

Cálculos renales o cólicos nefríticos. No está claro las razones por las cuales se forman las piedras en el riñón. Influyen la genética y la dieta. Consultar plantas descritas. Se debe aumentar la ingesta de agua. Tomar alimentos diuréticos como espárragos, alcachofas, apio, nísperos, pera, berenjena, melón, uva, sandía. Consumir alimentos integrales ricos en fibra, como salvado de trigo, alimentos ricos en magnesio como el sésamo y frutos secos, ya que el déficit de este mineral favorece la formación de cálculos. Evitar dosis elevadas de vitamina c sintética como complemento alimenticio en forma de comprimidos, pero se puede tomar la vitamina c natural de los cítricos y otras frutas. Reducir el consumo de alcohol. Disminuir la ingesta de calcio, sobre todo los quesos curados. Reducir la sal y las proteínas de origen animal.

Depresión. Se produce por causas externas (exógena) o internas (endógena). Tomar pescados, germen de trigo, nueces, que contienen omega 3. Legumbres, germen de trigo, espinacas, escarola, lechuga, espárragos y remolacha, que contienen ácido fólico. Es bueno tomar vitamina B, en semillas de girasol, germen de trigo, frutos secos, ajo, plátano, garbanzos, hígado, pescados azules. Frutas, verduras, cereales integrales, aceite de oliva. El deporte es fundamental siempre que se pueda, pues libera energía, y después de practicar ejercicio, una ducha caliente relaja el cuerpo.

Diabetes. Como otras enfermedades, puede tener un componente hereditario o por la dieta. Se deben evitar los alimentos que contengan azúcar, como pasteles, bollerías, frutas en almíbar, mermeladas, miel, chocolate. Frutas ricas en azúcares como uva, dátiles, pasas, higos secos. Bebidas alcohólicas (con moderación en las comidas). Leche entera, manteca de cerdo, quesos curados y grasos, mantequilla y nata. Gaseosas, colas, zumos de frutas, carnes grasas, charcutería, fiambres, embutidos y vísceras, salazones y ahumados. Los alimentos que deben consumirse son: hortalizas y verduras, legumbres, cereales, frutas frescas en bajas proporciones, como melón, mango, sandía, fresa, melocotón. Aumentar el consumo de cítricos y frutos secos. Consumir aceite de oliva o de girasol. Pescados de todo tipo, leche, quesos frescos, derivados lácteos desnatados, carnes de pavo, pollo, conejo, perdiz, etc. Controlar la presencia de sacarosa, glucosa o fructosa en los medicamentos (consultar al farmacéutico). Otras alternativas son los alimentos que contienen cromo como la yema de huevo, levadura de cerveza, pan integral.

Diarrea. Se produce por ingesta de alimentos en mal estado. Puede ser producida por un virus, incluso por estrés. Los alimentos recomendados son el arroz hervido, cado de pollo, pollo sin piel a la plancha, jamón cocido, manzana asada, membrillo, plátano, pan tostado, pescado blanco hervido, yogur, manzanilla, té. Tomar limonada alcalina para reponer líquidos y electrolitos. Se debe tomar una cucharada cada quince minutos. La limonada se elabora de la siguiente forma. En medio litro de agua, añade una cucharada de azúcar, media de sal, la punta de una cuchara de bicarbonato y el zumo de un limón. No se aconsejan bebidas comercializadas.

Digestiones pesadas. Se suelen producir por exceso de comida o alimentos pesados. La piña y la papaya facilitan la digestión de proteínas. Es recomendable tomar alimentos que absorban los gases, como el hinojo y el anís en infusiones. Ayuda el uso del limón y el ajo que aumentan la secreción de jugos digestivos. No consumir bebidas carbónicas, ni alcohol. Evitar los fritos, conservas y embutidos. Son bien tolerados los cereales en copos.

Dolores. Son todo un mundo, que la medicina aún no ha vencido en muchos casos. El dolor, como la fiebre, son pilotos que se encienden avisando que algo no va bien. Los dolores deben ser diagnosticados y tratados por los especialista. Nunca automedicarse. Las plantas solo alivian dolores leves. Para el dolor de espalda se describe masticar diariamente hojas de rábano picante.

Embarazo. Es un estado natural de la mujer que debe ser guiado por el especialista. Beber mucha agua. Comer mucha fruta, verdura y hortalizas. Ingerir suficiente fibra. Pescados, huevos, aceite de oliva, cítricos, cereales, leche, huevos, frutos secos, lentejas, carnes rojas. Suplementos de ácido fólico, hierro y calcio. Andar.

Envejecimiento. Es una etapa de la que no se libra nadie. Desde que nacemos vamos envejeciendo. Sin embargo, hoy día, cada vez se alarga más la edad de envejecimiento. Yo digo que una persona no es vieja mientras no necesite de otra para vivir. Lo principal es llegar lo mejor posible a la tercera o cuarta edad y de ello depende la vida previa, que pasa por un dieta sana, bajo peso y por lo menos andar una hora o dos, depende de los dolores, pero hay que moverse y aplicar el dicho de que «mucho zapato y poco plato». Es recomendable cereales integrales, frutas y verduras, alimentos ricos en antioxidantes naturales como la vitamina E (aceite de oliva, germen de trigo, frutos secos). Alimentos que refuercen las defensas, ricos en vitamina C y A. El consumo de tres huevos a la semana. Consumir pescado, frutas y verduras crudas, aumentar la ingesta de agua. Menos fritos y más hervidos. Reducir el consumo de alcohol, y bebidas carbonatadas. Evitar el tabaco, conservas, bollería, embutidos.

Estreñimiento. Las causas pueden ser muy diversas, que el médico descubrirá y tratará. Suficiente agua, fibra de los cereales, cebolla, espárragos, puerros y coles, ciruelas, berenjenas, acelgas, uvas, judías, legumbres, higos y naranjas. Evitar el membrillo, caqui, granada, nísperos. Realizar ejercicio.

Estrés. Otra patología frecuente en los últimos años. También es recomendable la consulta con un psicólogo. Los alimentos ricos en zinc como la yema de huevo, semillas de sésamo o la melaza de caña de azúcar.

Fiebre. El tener fiebre no siempre significa que haya una infección, por ello hay que ir al médico y no automedicarse con un antibiótico.

Fibromialgia. Es bueno tomar yogur, frutas, verduras, cereales integrales, legumbres, pescado, frutos secos, huevos. Sustituir la leche de vaca por soja. Evitar el pan blanco, azúcar blanca y bollería industrial. Limitar el consumo de patatas, tomates, berenjenas, pimientos, cítricos, carne de cerdo y chocolate. Realizar ejercicios moderados o ejercicios de relajación. Los suplementos nutricionales, como los polivitamínicos son una buena opción para mantener nuestro aporte correcto de vitaminas y minerales.

Gastroenteritis. Evitar alimentos en mal o dudoso estado, y los atracones. Cenas ligeras. Sopas de arroz, de zanahoria y apio, de pescado, puré de patatas, sémolas, huevos duros, hervidos o tortilla. Pescado blanco hervido o a la plancha, carne de ave cocida o a la plancha, pan tostado, manzana cocida, o rallada con zumo de limón, membrillo, plátano maduro. Limonada alcalina como se describe en el caso de las diarreas.

Gripe. Mucha vitamina C, sobre todo limón y la cebolla.

Hemorroides. Pueden ser externas o internas. Las causas pueden ser diversas, como falta de dieta rica en fibra que obliga a esforzarse para expulsar. Los partos producen hemorroides externas por la fuerza realizada. El sedentarismo. De todas formas se debe ir al médico. Una forma de evitarlas es no emplear el papel higiénico, pues así se evitan también las fisuras anales. Lo recomendado es que una vez que se han expulsado las heces, pasarse al bidé y limpiarse con agua fría y con una toallita húmeda y nunca insistir haciendo fuerza, hay que levantarse del inodoro y esperar. Se recomienda dieta ricas en fibra, como frutas, verduras, legumbres, etc., para facilitar la salida de las heces.

Hipertensión. Puede de ser debida a la genética, es decir, de origen familiar, al sobrepeso o al estrés. El médico se encargará de diferenciarla, diagnosticarla y tratarla. Se evitará la sal no colocando el salero en la mesa; comprar alimentos procesados sin sal. Evitar conservas y alimentos industriales con algún derivado del sodio, como benzoato sódico, glutamato. No consumir especias picantes. Reducir el consumo de alcohol. Reducir el exceso de peso y no fumar. Son buenas las berenjenas, sandía, apio, coles, espárragos, manzana, melocotón, melón nísperos, pera y uva. Una comida al día a base de fruta fresca. Consumir legumbres y verduras. Ejercicio diario. Se puede utilizar limón, hierbas aromáticas, ajo y cebolla.

Migrañas. El médico sabrá diagnosticar si es cefalea, dolor de cabeza o migraña. En este caso, evitar los quesos curados, el chocolate, café y té, los nitratos y nitritos de los embutidos, sopas de sobre, el aspartamo (edulcorante) y los aditivos que se añaden al marisco. Evitar el alcohol, y especialmente la cerveza, vinos y licores. El estímulo del frío sobre el paladar y faringe, puede desencadenar una crisis migrañosa.

Osteoporosis y menopausia. Ingerir alimentos ricos en calcio y magnesio como coco, alfalfa, coles, naranjas y leche de vaca. Otro alimento recomendado es la almendra. Los alimentos ricos en vitamina D que ayudan a absorber el calcio son: pescados, aceites de pescados, leche y mantequilla. La exposición moderada al sol ayuda a la activación de la vitamina D. Otras vitaminas necesarias para la formación del hueso son la B6 y B12. Un alimento importante es la soja y sus derivados como el tofu, con propiedades remineralizantes indicado en las mujeres menopáusicas. El boro facilita la absorción del calcio y se encuentra en las manzanas. El uso de azúcares sin refinar son más ricos en minerales. Ejercicio físico regularmente. Los alimentos a controlar son los mariscos, la sal y el café, las espinacas y las acelgas, el alcohol forma menos hueso. Disminuir los quesos curados y el chocolate.

Piel sana. El exceso de sol perjudica la salud de la piel. En el campo se debe ir siempre protegidos por un sombrero y los agricultores que se tiran muchas horas bajo el sol debe mentalizarse en utilizar cremas protectoras que su farmacéutico sabrá aconsejarle. Reducir la sal, carnes, leche de vaca y derivados que sustituirán por leche de almendras o de soja. Aumentar el consumo de salvado de trigo, almendras, pan integral, judías, atún enlatado y salmón, que son ricos en niacina. Alimentos ricos en vitamina B6 como cereales integrales, salmón, lomo de ternera, plátanos, garbanzos y aguacates. Una vez al día ingerir alimentos crudos, como el pepino, rábano, espárragos, alcachofas, manzana, etc. Alimentos ricos en vitamina e, como semillas de girasol y ácidos grasos omega 3, como aceites de pescado, atún, salmón, sardinas. Zanahorias, verduras, frutas, espinacas, albaricoques, mango y papayas, ricos vitamina a. Beber al menos litro y medio de agua al día. Desde dentro se hidrata la piel.

Tos. No existe una alimentación específica para evitar la tos, pero la ingesta de infusiones de hinojo, la equinácea, el tomillo, o una cebolla cortada en la mesita de noche. Gárgaras de miel con limón. Ajo crudo.

Úlcera gástrica. Se puede producir por ingesta de alimentos agresivos a la mucosa gástrica, por medicamentos o por la bacteria *Helycobácter pylori.* El médico diferenciará. Tomar coliflor y brécol, patatas hervidas o en puré, y copos de avena. La chirimoya neutraliza la acidez, la miel es cicatrizante. Cereales integrales, legumbres y hortalizas, mango, zanahorias, verduras, yogures, cuajadas y quesos frescos. Lavar bien los alimentos, masticarlos bien que para eso disponemos de muelas. Comer despacio, pues si lo hacemos deprisa se engorda más. Y le perjudica a la úlcera. Beber bastante agua. Eliminar alcohol y tabaco, café y té. Nada de picantes. Reducir el consumo de mariscos y leche.

RECOMENDACIONES GENERALES

Cuiden de su organismo. El tabaco y el alcohol no son saludables. La buena salud se consigue con *poco plato y mucho zapato*, como ya cité. La pérdida de peso se consigue haciendo cinco comidas al día en pequeñas cantidades. Tomar fruta a media mañana y a media tarde. Consumir preferentemente verduras, frutas y legumbres, pescado y poca carne roja. Las mejores carnes son la de conejo y pollo de corral. Beber el agua que el organismo solicite, pero al menos un litro y medio. Evitar bebidas excitantes, sobre todo niños y ancianos, y prescindir de las estimulantes a base de cafeína y gas. Se debe andar al menos una hora al día. No es bueno automedicarse, ni aconsejar a nadie sus medicamentos, cada organismo es diferente y lo indicado para una persona puede estar contraindicado en otra. Comunicar siempre al médico el uso de plantas medicinales que se esté tomando porque puede haber contraindicaciones al asociar una planta con un medicamento. No consumir plantas medicinales sin la certeza de sus indicaciones.

No obsesionarse con tantas recomendaciones publicitarias sobre los alimentos y medicamentos que prometen curar o minimizar, que nos bombardean con fines comerciales. Todo está inventado por la naturaleza. Comer lo que produce la naturaleza en cada estación meteorológica y con moderación nos proporciona todo lo que necesitamos y todo lo que comamos de más, el organismo se encargará de eliminarlo, por la orina o heces. Nuestras células absorben solamente lo que necesita cada día.

10. PERSONAS QUE HAN COLABORADO EN LA ELABORACIÓN DE ESTE LIBRO

Son las personas que me han aportado alguna información, sobre el uso de plantas medicinales. De algunos no he conseguido foto.

Francisca Duran Montiel, ama de casa.

María Sánchez Subiris, comerciante.

Antonio Márquez García, el Monta, agricultor .

Juan Espinosa Martin, el Pikiko. Se puede decir que es el perote más experto en plantas medicinales. Siempre se ha dedicado a la venta y hoy día continúa con su puesto en el mercado central.

Alonso Blanco Cabrera, Rajuña. Dedicado al campo.

Antonio Segura Ruíz, Rubio Manita, agricultor.

Cristóbal Aranda, nácido en Álora. Agricultor toda su vida y encargado de la finca de mi madre y de mi tía Anita. De él he aprendido mucho.

Pedro Aranda, hermano de Cristóbal. Ha trabajado muchos años en la Textil, o fábrica de pantalones.

José Ruiz, Viñuela. Trabajó con mi padre en el campo muchos años.

Pedro Gutiérrez Trujillo el Sillero. Amigo desde pequeño. Muchos años trabajando en Endesa y profesional de la música.

Bartolomé Domínguez Gil, agricultor.

Fernando Domínguez Gil, el Renco. Casi siempre trabajando en el campo, pero también trabajó de albañil y de mozo de hotel.

José Mancera Martin, el Tijeras. Siempre dedicado al campo.

Antonio Cortes Pérez. Natural de Campillos, agricultor.

Francisco Selva Conejo, el Pizarreño. Muchos años dedicado al campo y otros tantos en el Ayuntamiento de Málaga en los servicios operativos.

Pedro Ramos, agricultor y empresario.

Alfonso Ramos. Hermano de Pedro Ramos y agricultor.

Juan Ramos: También hermano de Pedro, agricultor.

Francisco García Castillo. Dedicado toda su vida al campo.

Antonio Carrasco Gómez. Empleado del Ayuntamiento de Álora.

Francisco Grajales Campo. Trabajador del campo.

Salvador Meléndez, agricultor.

Díaz García, albañil y electricista

Antonio Martínez Arjona, el Grande. Manejo de maquinarias.

José García Chamizo, frutero.

Antonio Gil, dedicado a su bar.

Francisco Domínguez Domínguez, dedicado al campo.

Antonio Martin Arjona, agricultor.

Antonio Martínez Arjona, agricultor.

Cristóbal Casermeiro Cortés, agricultor.

Manuel Henares Guerrero, Carpintero.

Andrés González Berrocal, Sanguango, comerciante.

Francisco Vargas, agricultor.

Juan Zambrana Muñoz, Retama. Vive a su manera.

Francisco Moreno Ramos, el Torri. Venta de productos del campo y plantas medicinales.

Juan Cortés Navarro, el Gitano, agricultor.

Cristóbal y Pedro Aranda

Antonio Márquez García

Francisco Márquez

Juan Zambrana Muñoz

Cristóbal Casermeiro Cortés

José Mancera Martín

Pedro Ramos .... Juan Espinosa Martin

José Ruiz

Antonio Martínez Arjona

Alonso Blanco Carrera

Francisco Vargas

Alfonso Ramos

Francisco Domínguez Gil

Francisco Silva Conejo

Francisco Moreno Ramos

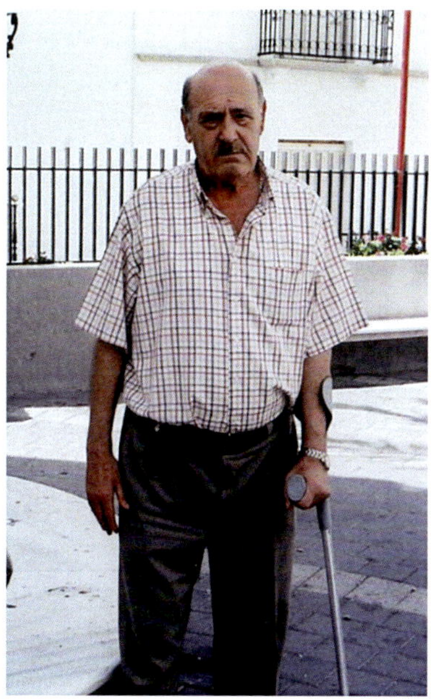

Francisca Durán Montiel

Andrés González Berrocal

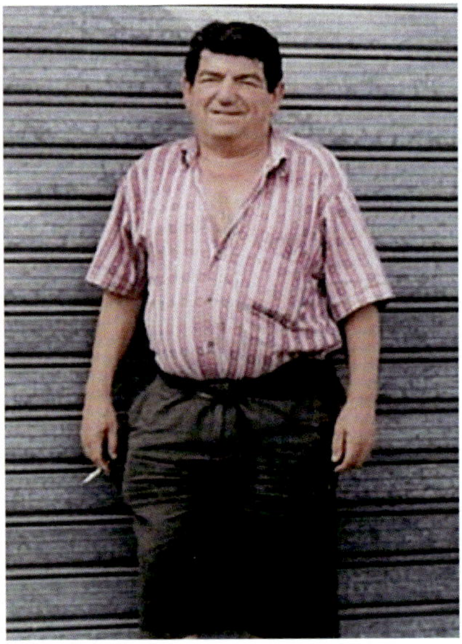

José García Chamizo

Antonio Gil Aguilar

Antonio Carrasco Gómez

Francisco García Castillo

Antonio Martínez Arjona

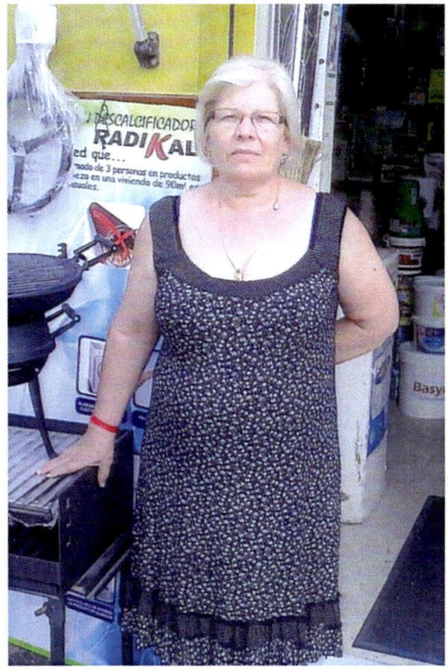

María Sánchez Subiri

Antonio Segura Ruiz

Antonio Romero

Juan Cortés

Francisco Sánchez y Juan Ramos

11. BIOGRAFIA DEL AUTOR

Juan Carlos Pérez-Lanzac López nació en Álora el día 19 de agosto de 1948 en la calle Santa Ana, número 18. Hijo de Moisés López Sánchez, y de Mariana Pérez-Lanzac Rodríguez.

Cursó sus estudios en la escuela de don Alfonso Navarro hasta tercero de Bachillerato, para trasladarse a Málaga y terminar sus estudios en el Colegio de los Jesuitas de San Estanislao de Kostka. Posteriormente, prosiguió sus estudios de Farmacia en Granada y Santiago de Compostela.

ÍNDICE

Este libro se terminó de imprimir el 18 de octubre de 2017, Día Mundial de la Protección de la Naturaleza. Publicado por Ediciones del Genal. Al cuidado de esta edición **Librerías Proteo y Prometeo**
MMXVII